Sumod Pawar

Aumentando o valor calorífico do combustível biodiesel

Sumod Pawar

Aumentando o valor calorífico do combustível biodiesel

Aumento do valor calorífico do biodiesel pela adição de ácido linoleico separado do óleo da semente de Xanthium Strumarium L.

ScienciaScripts

Imprint

Any brand names and product names mentioned in this book are subject to trademark, brand or patent protection and are trademarks or registered trademarks of their respective holders. The use of brand names, product names, common names, trade names, product descriptions etc. even without a particular marking in this work is in no way to be construed to mean that such names may be regarded as unrestricted in respect of trademark and brand protection legislation and could thus be used by anyone.

Cover image: www.ingimage.com

This book is a translation from the original published under ISBN 978-620-7-84378-7.

Publisher:
Sciencia Scripts
is a trademark of
Dodo Books Indian Ocean Ltd. and OmniScriptum S.R.L publishing group

120 High Road, East Finchley, London, N2 9ED, United Kingdom
Str. Armeneasca 28/1, office 1, Chisinau MD-2012, Republic of Moldova, Europe
Printed at: see last page
ISBN: 978-620-7-98060-4

Copyright © Sumod Pawar
Copyright © 2024 Dodo Books Indian Ocean Ltd. and OmniScriptum S.R.L publishing group

RECONHECIMENTO

Dr. J. A. Hole, Diretor de Investigação e Professor de Engenharia Mecânica da Faculdade de Engenharia Rajarshi Shahu da JSPM, Tathawade, Pune, que me apoiou ao longo desta tese com os seus conhecimentos para orientar os meus estudos em todas as fases. Gostaria de agradecer a sua orientação apreciável e a sua inspiração persistente, que tornaram este trabalho de investigação abrangente. A sua recomendação agradecida motivou-me continuamente a dedicar os maiores esforços ao meu estudo.

Os meus sinceros agradecimentos ao **Prof. Dr. S. N. Khan**, Diretor do Departamento de Engenharia Mecânica, pela sua amável cooperação, orientação e motivação para a realização deste trabalho de investigação. **Dr. R. K. Jain**, Diretor, JSPM's Rajarshi Shahu College of Engineering, Tathawade, Pune, por ter disponibilizado todas as instalações necessárias. **T. J. Sawant**, Secretário Fundador do Jayawant Shikshan Prasarak Mandal, Pune.

Dr. K. K. Dhande, do Instituto de Tecnologia Dr. D. Y. Patil de Pune, ao **Prof. Dr. S. S. Pardeshi** e ao **Prof. Dr. A. A. Pawar**, da Faculdade de Engenharia D. Y. Patil de Ambi, Pune, pela sua avaliação consistente dos progressos da minha investigação e pelas sugestões significativas que me ajudaram muito a concluir o trabalho de investigação.

Dr. Shylesha Channapattana, Departamento de Engenharia Mecânica, V. D. I. T. Haliyalal, Karnataka e **Prof. Dr. Shrinidhi Campli**, Departamento de Engenharia Mecânica RSCOE Tathwade, Pune, **Prof. Dr. Sagar Wankhede**, Escola de Engenharia Mecatrónica, Symbiosis Skills and Professional University, Pune, que me orientaram e apoiaram na escolha da área e do tema de investigação e me motivaram ao longo do trabalho de investigação.

Dr. S.B. Patil, Diretor, Rajgad Dnyanpeeths, Shri Chhatrapati Shivajiraje College of Engineering, Dhangawadi, Tal-Bhor, Dist-Pune pelo seu apoio e motivação para concluir o meu trabalho de investigação. Gostaria de agradecer a todos os docentes e não docentes do Departamento de Engenharia Mecânica, da Faculdade de Engenharia Rajarshi Shahu da JSPM, Tathwade, Pune e da Faculdade de Engenharia Shri Chhatrapati Shivajiraje da Rajgad Dnyanpeeth, Dhangawadi, que, direta ou indiretamente, me apoiaram e ajudaram durante o trabalho sobre o tema da investigação, especialmente **ao Prof.**

Por último, estou eternamente grato ao meu pai, **Shri Kisan Mukadam Pawar**, à minha mãe, **Bebitai Kisan Pawar**, aos meus irmãos mais velhos, **Dr. Vinod Pawar** e **Dr. Pramod Pawar**, e a todos os meus amigos pelo seu apoio moral contínuo, que me acompanharam e ajudaram muitas vezes durante este trabalho de investigação. Os meus amigos mais próximos, **Sr. Dhananjay Dhapte e Sr. Harish Patne**, pelo seu valioso apoio e encorajamento. O meu apreço especial vai para a minha mulher, **Sra. Trupti,** pela sua compreensão, apoio, motivação e paciência infinita durante todo este trabalho de investigação, e para os meus filhos **Shourya** e **Shreeyansh**.

Estou profundamente grato a todos vós pela vossa ajuda atempada. Agradeço a todos vós e também a outros que, por falta de espaço ou por engano, não mencionei aqui.

Data: 15/05/2023

Local: Pune.

Sr. Sumod Kisan Pawar

Bolseiro   de

doutoramento (Mech)

maio de 2023.

RESUMO

Os combustíveis convencionais estão a esgotar-se, os seus preços aumentam de dia para dia, ao mesmo tempo que produzem emissões nocivas e provocam a perda da natureza com efeitos adversos como o aquecimento global, a destruição da camada de ozono, a mudança súbita do clima, a queda súbita de chuva, tempestades repentinas, etc. O biodiesel é uma das alternativas significativas ao gasóleo convencional, é um éster alcalino do tri-glicérido produzido a partir de ácidos gordos do óleo vegetal. Nesta investigação, o biodiesel é produzido a partir do óleo de sementes de Xanthium strumarium L., vulgarmente conhecido como berbigão, e o ácido linoleico é também separado do mesmo. Estes são utilizados para tentar aumentar o valor calorífico do biodiesel de óleo de karanja. O biodiesel de berbigão também é misturado com gasóleo para encontrar a adequação com o hardware da máquina e para encontrar as melhores variáveis de entrada, também é feita uma tentativa de reduzir as emissões de NOx utilizando EGR e injeção retardada.

Constatou-se durante esta investigação que há um aumento do valor calorífico do biodiesel de óleo de karanja com a adição de biodiesel de berbigão, bem como de ácido linoleico, mas o aumento do HCV é mais devido à adição de biodiesel de berbigão do que de ácido linoleico. Verifica-se também que o aumento do BTE do biodiesel de óleo de karanja é maior devido à adição de biodiesel de berbigão do que de ácido linoleico na mesma quantidade nas melhores condições de funcionamento do motor. Verificou-se que há uma diminuição do consumo de combustível em comparação com o biodiesel de óleo de karanja para a mesma potência. Observou-se que a adição de biodiesel de berbigão reduz as emissões de NOx dos motores diesel em comparação com o diesel e o biodiesel de karanja sem afetar o desempenho do motor. Também se pode concluir que a EGR é o método mais eficaz para melhorar o BTE e reduzir as emissões de NOx.

Palavras-chave: - Biodiesel de óleo de berbigão, ácido linoleico, otimização, poder calorífico, método de Taguchi, abordagem RSM, recirculação dos gases de escape.

ÍNDICE

1. Introdução..6

2. Revisão da literatura 18

3. Materiais e métodos 36

4. Resultados e discussões...51

5. Resumo e conclusão..134

Referências..140

ACRÓNIMOS

Brake Thermal Efficiency:	BTE
Compression Ratio:	CR
Brake Specific Energy Consumption:	BSEC
Brake Specific Fuel Consumption:	BSFC
Fuel Injection Timing:	IT
Fuel Injection Pressure:	IP
Hydro Carbons:	HC
Carbon Monoxide:	CO
Oxides of Nitrogen:	NOx
Exhaust Gas Temperature:	EGT
Exhaust Gas Recirculation:	EGR
Particulate Matter:	PM
Volume to Volume ratio:	v/v
Parts Per Million:	PPM
Before Top Dead Centre:	bTDC
Carbon Dioxide:	CO_2
Response Surface Method:	RSM
Compression Ignition:	CI
Variable Compression Ratio:	VCR
Revolutions Per Minute:	RPM
Cocklebur Biodiesel 10%+Diesel 90%:	CB10
Cocklebur Biodiesel 20%+Diesel 80%:	CB20
Cocklebur Biodiesel 30%+Diesel 70%:	CB30
Cocklebur Biodiesel 100%:	CB100
Karanja Biodiesel 100%:	KB100
Higher Calorific Value:	HCV
Gas Liquid Chromatography:	GLC
Cold Filter Plugging Point:	CFPP
Indicated Mean Effective Pressure:	IMEP

Capítulo 1

1. Introdução

De acordo com o Cenário Energético Mundial do CME para 2050, os combustíveis fósseis continuarão a ser essenciais tanto para os transportes como para a produção de eletricidade. Os transportes continuarão a ser dominados pelo petróleo. Prevê-se que as fontes não tradicionais, como os biocombustíveis, se tornem mais significativas. O CME prevê que a taxa de crescimento das energias renováveis aumente significativamente. A energia renovável é produzida a partir de recursos quase ilimitados. A energia solar, a energia eólica, a energia hidroelétrica, a energia das marés, a energia geotérmica e os biocombustíveis são exemplos de recursos renováveis. A capacidade de utilizar energia renovável sem descarregar poluentes perigosos é a sua vantagem vital.

Os combustíveis fósseis tradicionais, como o petróleo, o carvão e o gás, são exemplos de energia não renovável e prevê-se que se esgotem com o tempo. O combustível já está a escassear e o mercado está a sofrer uma inflação no século XXI. A utilização de combustíveis petrolíferos tem um impacto significativo no desenvolvimento socioeconómico de muitas nações. Tanto as centrais eléctricas como os meios de transporte são essenciais para as nossas necessidades. As nações que anteriormente exportavam combustíveis petrolíferos parecem estar agora a importá-los. A quantidade de poluição atmosférica na atmosfera terrestre está também a aumentar rapidamente. Os combustíveis verdes obtidos podem substituir total ou parcialmente os combustíveis convencionais. A necessidade de utilizar combustíveis amigos do ambiente, principalmente biodiesel, aumenta consequentemente.

Como substituto do gasóleo, que é feito de ésteres alcalinos de ácidos gordos gerados a partir de gorduras vegetais ou animais, o biodiesel é referido. Utilizando tecnologias de ponta, tais como nanocatalisadores, líquidos iónicos, processos assistidos por ultra-sons, processos assistidos por micro-ondas e processos assistidos por supercríticos, a reação de transesterificação é utilizada para produzir biodiesel [85].

O biodiesel é superior ao gasóleo em muitos aspectos e pode ser utilizado em motores diesel de reserva [106,108,112,117,126,128]. Ao misturar, utilizar e produzir biodiesel, é possível utilizar menos combustível fóssil num país como a Índia. O Governo da Índia só autorizou uma mistura de 10% de biodiesel, mas esta pode ser facilmente aumentada para 20%, porque a maioria das misturas de biodiesel com

6

gasóleo tem um melhor desempenho a 20% [114,115,124,].

A criação de emissões de NOx é a principal restrição, embora os poluentes nocivos, incluindo HC, CO e PM, sejam criados em quantidades inferiores em resultado do biodiesel [131]. Os investigadores estudaram os factores que levam à produção de NOx e propuseram uma série de soluções, incluindo a utilização de aditivos oxigenados, métodos de injeção de água e redução do tempo de injeção [84]. Se considerarmos a situação atual, o biodiesel tem várias vantagens. Nas circunstâncias actuais, é necessário um combustível puro e não esgotável. O biodiesel é quase regenerativo se o considerarmos como uma fonte de energia. Tem menos químicos voláteis e um ponto de inflamação mais elevado. Em comparação com o gasóleo de petróleo, é simples de utilizar e limpo de manusear.

1.1 O método de extração de óleo

O óleo das sementes é extraído através de vários métodos, incluindo a extração por energia, a extração por solvente e a extração por fluido supercrítico. Dada a elevada quantidade de óleo recuperado das sementes, a extração química tornou-se o método de extração de óleo mais amplamente utilizado. A extração por solventes supera os problemas da extração por energia, que produz óleo com um elevado teor de água e turbidez, bem como a extração por fluido supercrítico, que é extremamente dispendiosa de instalar e operar. O tratamento térmico das sementes oleaginosas refere-se ao processo de aumento da temperatura das sementes oleaginosas após os pré-tratamentos, por exemplo, moagem, descasque e fissuração por vaporização, torrefação e aquecimento.

O aquecimento diminui a humidade nas células, reduz a viscosidade do óleo e liberta o óleo das células completas, permitindo uma melhor extração. A temperatura tem uma influência ativa na extração mecânica para o tratamento de sementes e pode ser acelerada por aquecimento para estabelecer um bom funcionamento do solvente. Devido ao teor de humidade e à temperatura precisos, as gotas de óleo individuais combinam-se para formar uma fase constante e fluem para fora, maximizando o rendimento do óleo. Os produtos químicos são utilizados como solventes no processo de extração por solventes para reduzir o teor de humidade para a extração de óleo de sementes oleaginosas.

Uma das fases vitais no fabrico de biodiesel é a extração de óleo. A extração de óleo utiliza uma variedade de tecnologias e procedimentos. As secções seguintes descrevem o processamento de matérias-primas e os vários métodos de extração de óleo [146].

a. Preparação da matéria-prima

A extração do óleo exige uma preparação prévia das sementes. Durante a preparação das sementes, as camadas exteriores do fruto são retiradas para revelar as sementes ou o miolo, que são depois secos para reduzir o seu teor de humidade. As sementes dos frutos são frequentemente separadas e quebradas manualmente se não se desidratarem. Os grãos ou sementes separados são lavados, peneirados e armazenados. As sementes podem ser secas ao nível de humidade desejado no forno ou ao sol. Os tabuleiros podem ser cuidadosamente pesados várias vezes durante o dia para avaliar se estão suficientemente secos. Uma vez que os tabuleiros tenham secado até ao nível desejado, podem ser armazenados no frigorífico.

As prensas mecânicas ou os batedores podem ser alimentados com sementes inteiras, miolo ou uma combinação dos dois; no entanto, as sementes são normalmente utilizadas isoladamente. A extração química, por outro lado, limita-se ao miolo [148].

b. Técnicas de extração

O óleo pode ser recuperado das matérias-primas após transformação. A extração mecânica, com solventes ou produtos químicos, e a extração enzimática são os três métodos básicos de extração de óleo. A destilação a vapor, a extração assistida por micro-ondas, a extração acelerada com solventes, a extração com fluido supercrítico e a extração por ultra-sons são também procedimentos habitualmente utilizados. Estas estratégias, no entanto, não são tão populares como as três primeiras possibilidades indicadas. A extração por solvente e a extração mecânica são os procedimentos mais frequentemente escolhidos para uma utilização viável. Durante a extração de óleo, o óleo bruto é o produto principal e as sementes ou bagaços são o subproduto. Como fertilizantes para o enriquecimento do solo, os bagaços de sementes podem ser dados a porcos, galinhas e peixes. Alguns bagaços de óleo são também utilizados em processos biotecnológicos e de fermentação [146].

i. Extração de óleo com máquinas

A prensagem com parafuso é a técnica de extração de óleo mais comum. Pode utilizarse uma prensa de parafuso acionada por um motor ou uma prensa manual de aríete. De acordo com um estudo, as prensas de parafuso acionadas por um motor podem remover 70-80% do óleo existente, em comparação com 60-65% para as prensas de aríete, o que resulta do facto de as sementes serem sujeitas a várias extracções com prensas de parafuso.

São necessários tratamentos adicionais de filtração e degomagem para o óleo extraído por prensas mecânicas para produzir material extra puro. Geralmente, os extractores mecânicos são concebidos para algumas sementes específicas, mas se forem utilizados para outras sementes, o rendimento do óleo é afetado. Verificou-se também que a recuperação do óleo pode ser aumentada através do pré-tratamento das sementes antes da prensagem por parafuso. Recentemente, foram propostos vários métodos novos, como a extração por micro-ondas, a extração por solventes e as técnicas de extração enzimática, para melhorar o rendimento da extração de óleo. Embora a prensa de parafuso tenha um baixo custo de extração de óleo, também é ineficaz devido ao rendimento relativamente baixo de óleo [146].

ii. Extração de óleo com solvente (extração química)

Lixiviação é outro nome para extração por solvente, que envolve a utilização de um solvente líquido para remover o óleo de um sólido. O N-hexano é o solvente mais frequentemente utilizado na extração química, uma vez que produz mais óleo. A elevada produção de óleo e o desempenho fiável da tecnologia de extração química de óleo tornam-na muito eficaz. Para a extração por solvente, as sementes devem primeiro ser cozidas e descascadas (a descamação desnatura os tecidos celulares para que o solvente possa penetrar mais facilmente nos flocos), o que aumenta a área de superfície da semente em contacto com o solvente e aumenta o rendimento do óleo. Após estes procedimentos, o solvente é combinado com os flocos de sementes cozidas para extrair o óleo. Produz-se a miscela, uma mistura de óleo e solvente que é aquecida em evaporadores a 80°C. O hexano é reduzido a cerca de 5% do óleo por injeção de vapor no lado da casca, e o óleo é então diretamente extraído a vapor numa torre de vácuo a temperaturas finais que aumentam até 110°C. O melhor método de extração de óleo de sementes oleaginosas é este. Verificou-se que uma série de variáveis, incluindo o tipo de solvente, a temperatura, a taxa de agitação e a dimensão das partículas, influenciam a taxa de extração por solvente.

O solvente deve ser escolhido de modo a ser um solvente seletivo adequado e ter uma viscosidade suficientemente baixa para permitir a livre circulação. Em comparação com o éter de petróleo, o n-hexano é um solvente melhor para a extração de óleo. É possível utilizar solventes orgânicos como o tetracloreto de carbono, o éter de petróleo, o N-hexano e o álcool isopropílico. No entanto, verificou-se que este procedimento é muito mais demorado do que os alternativos.

De acordo com as fontes, a extração por solventes só é comercialmente viável a taxas de produção elevadas (mais de 50 toneladas de biodiesel por dia). Uma vez que a extração química com N-hexano tem um efeito adverso para o ambiente devido à formação de águas residuais, à utilização mais específica de energia, à maior libertação de complexos orgânicos voláteis e aos efeitos sobre a força humana, podem ser utilizados três tipos adicionais de técnicas de extração com solventes, como a água quente, o Soxhlet e a ultra-sons [150].

Extração acelerada com solventes

Por vezes é conhecida como Extração com Solvente Pressurizado (PSE), é uma tecnologia de ponta para a extração de óleo que utiliza diluidores orgânicos e aquosos a pressões e temperaturas mais elevadas. O aumento da pressão impede a evaporação a temperaturas superiores ao ponto de ebulição do solvente, mas o aumento da temperatura acelera o processo de extração [150].

iii. Extração enzimática de óleo (AEOE)

A AEOE é a abordagem mais eficaz para a extração de óleo de fontes vegetais. Neste caso, as sementes esmagadas são utilizadas para extrair óleo utilizando enzimas. Isto também pode ser combinado com outras técnicas de extração de óleo. Quando AEOE (usando uma protease alcalina com um pH de 9,0) é combinado com ultrassom, a quantidade de óleo extraído é significativamente menor do que quando AEOE é usado sozinho. Além disso, o uso de um ultrassom reduz o tempo de processo de 18 horas para 6 horas. A extração de óleo enzimático tem vários benefícios, mas os seus principais benefícios são que é ambientalmente benigno e que não produz compostos orgânicos voláteis. O maior problema deste método é, no entanto, o seu longo tempo de processamento [146].

iv. Extração com fluido supercrítico (SFE)

Era importante substituir os solventes utilizados na extração do óleo devido aos riscos para a saúde humana e às questões ambientais colocadas pelos solventes orgânicos e pelos restos de óleo. O método SFE é comparável à extração por solventes tradicional, mas em vez de utilizar um solvente líquido, utiliza um gás acima do seu ponto crítico. Como o CO_2 não extrai oxigénio molecular e não é um fluido tóxico, é normalmente utilizado como fluido supercrítico na extração de petróleo. Com a técnica do CO_2 supercrítico, o CO_2 líquido a alta pressão é misturado com sementes a uma pressão de 7,3 MPa e a uma temperatura de 31°C. No CO_2, o óleo dissolve-se. O CO_2 regressa à fase gasosa quando o sistema é despressurizado, e o óleo separa-se das misturas CO_2 -óleo. Quando o sistema é despressurizado, o CO_2 volta à fase gasosa e o óleo na mistura CO_2 -óleo precipita. A pressão, a temperatura, o tempo de contacto entre o material oleaginoso e o fluido de extração e a solubilidade do óleo no fluido de extração afectam a eficácia da extração de um óleo. A tecnologia SFE é utilizada para acelerar a extração, evitando a utilização de solventes orgânicos. A SFE que utiliza CO_2 é superior à extração por solventes em muitos aspectos. Utiliza o CO_2 como solvente para a extração de matérias-primas naturais, uma vez que é barato, não inflamável, não tóxico e não poluente. Além disso, pode extrair quase 100% do petróleo.

A principal desvantagem do SFE é o elevado custo de produção, que é causado pela utilização de máquinas de alta pressão, bem como a exigência de que as matérias-primas tenham um teor de humidade inferior a 20%, porque um elevado teor de água na fase fluida reduz o rendimento do óleo [151,152].

v. Método de destilação a vapor

O processo de destilação a vapor é utilizado para extrair óleos essenciais. O vapor é bombeado sobre a matéria vegetal num alambique para extrair óleos essenciais através da destilação a vapor. Uma vez que o vapor provoca a abertura das bolsas de óleo na substância vegetal, apoia a libertação de moléculas aromáticas. As partículas de óleo instáveis separam-se gradualmente dos resíduos vegetais e dispersam-se no vapor.

A temperatura do vapor deve ser controlada de forma sensata. Não deve ser demasiado quente para que o material vegetal ou o óleo essencial se queimem, mas apenas o suficiente para que o material vegetal abra as bolsas de óleo. Depois de passar o vapor que transporta os óleos essenciais por um sistema de arrefecimento para condensação, o óleo essencial e a água no líquido são separados. A extração do óleo essencial do material vegetal é facilitada mais rapidamente quando se utiliza uma pressão superior à pressão atmosférica e temperaturas superiores a 100°C para gerar vapor [149].

vi. Extração assistida por ultra-sons

A combinação de meios mecânicos com abordagens de solventes, que podem eliminar estas deficiências, foi criada como resultado dos limites dos métodos convencionais, tais como tempos de extração mais longos, a utilização de produtos químicos nocivos e uma menor eficiência. Recentemente, tem-se dado mais atenção à utilização de ultra-sons em técnicas de extração para tudo, desde o fabrico de tinturas farmacêuticas ao fabrico de biodiesel industrial. Utilizando um sistema de corneta ou sonda ultra-sónica (direta) e um banho de limpeza ultra-sónica (indireta), a extração ultra-sónica pode ser realizada à escala laboratorial. As aplicações industriais utilizam reactores de ultra-sons.

Os sistemas devem ter um agitador mecânico e um banho de arrefecimento para regular o aumento da temperatura durante a extração. As ondas ultra-sónicas são criadas por transdutores situados na base. No caso de um sistema de sonda, a câmara de extração tem um transdutor ultrassónico instalado. A extração direta exige que a sonda entre em contacto com o meio solvente, mas não com a substância a extrair, uma vez que o material sólido pode obstruir a sonda.

Dois fenómenos físicos para a extração incluem a difusão através das paredes celulares e a lavagem do conteúdo intracelular através de paredes quebradas. Pensa-se que as glândulas e células vegetais têm paredes particularmente sensíveis que se rompem facilmente quando expostas a ultra-sons. Isto serve de base para a extração de óleos essenciais e lípidos de uma série de fontes. O procedimento é mais eficaz quando o material é mais pequeno, o que melhora o contacto do solvente com a substância e, em última análise, a extração assistida por cavitação. Quando uma sonda ou um banho é utilizado com um sistema ultrassónico para remover amostras secas, os métodos mecânicos não são os únicos utilizados.

O processo tem duas fases: em primeiro lugar, o material é mergulhado para ajudar os processos de inchaço e hidratação. O conteúdo intracelular é então transportado para o solvente por difusão e osmose na fase seguinte. Em comparação com a extração assistida por agitação mecânica, verifica-se que a extração assistida por ultra-sons tem uma maior eficiência de extração. A extração assistida por ultra-sons é mais rápida e eficaz do que a extração tradicional por Soxhlet, mas também utiliza uma grande quantidade de solventes orgânicos arriscados e dispendiosos [147].

vii.   Extração assistida por micro-ondas (MAE)

A transferência de massa de analitos da amostra para o solvente através de processos osmóticos e de difusão limita o ritmo da extração por solvente em procedimentos convencionais. Em determinadas condições, a intensificação do processo pode aumentar a cinética e a eficácia da extração. Para melhorar a produtividade, o rendimento e a qualidade dos actuais processos baseados em solventes, foi criada uma nova técnica de intensificação conhecida como MAE. Nos últimos anos, o MAE tornou-se um método economicamente viável, promissor e fácil de utilizar para separar rápida e eficazmente produtos químicos específicos. A MAE é um método de extração ecológico que utiliza água ou álcocis como solventes, funcionando a alta pressão e a temperaturas controladas. A natureza altamente polar da água conduz a uma elevada constante dieléctrica. A ideia de a utilizar como solvente de extração para componentes orgânicos não polares é, por conseguinte, invulgar. Em contraste, a água pode assemelhar-se aos álcoois quando extraída a temperaturas mais elevadas e sob pressão regulada e pode dissolver uma variedade de compostos de baixa a média polaridade. O fator de dissipação, uma medida da capacidade de um solvente para absorver a radiação de micro-ondas e dissipá-la para as moléculas circundantes sob a forma de calor, estabelece a eficácia de um sclvente como meio de extração na EMA. O objetivo da extração por micro-ondas é libertar a humidade contida na amostra. Quando a humidade que ficou retida no interior das células do material da amostra é aquecida por um micro-ondas, a humidade procura evaporar-se, exercendo uma grande pressão sobre as paredes celulares através do inchaço. A parede celular é empurrada pela pressão interna, o que faz com que a parede se estique e se rompa e descarregue o conteúdo intracelular no solvente, aumentando assim o rendimento da extração. A utilização de solventes com uma elevada capacidade de dissipação de calor aumentará ainda mais a eficiência da EMA. A eficácia da EMA é influenciada pela duração da extração, tipo e volume do solvente, intensidade do micro-ondas, teor de humidade, tamanho das partículas da amostra, temperatura e pressão. A redução dos tempos de extração, a baixa utilização de solventes, a relação custo-eficácia e o respeito pelo ambiente são vantagens da EMA. Por outro lado, se o solvente de extração ou a substância a analisar forem apolares ou voláteis, há restrições de baixa eficiência. Além disso, como o método utiliza temperaturas elevadas, os compostos termolábeis podem decompor-se [147].

Métodos combinados de extração de óleo

Cada processo de extração de óleo tem as suas próprias vantagens e desvantagens. Por isso, é necessário combinar os processos corretos de extração de óleo. É provável que diminua as desvantagens, aumente a eficiência da remoção do óleo e reduza os danos ecológicos. Apesar de os métodos de extração clássicos, como o Soxhlet e os EAU, terem alcançado os maiores rendimentos de óleo a nível mundial, devido ao menor consumo de solventes e ao menor tempo de extração, as vantagens do ASE fazem dele uma alternativa capaz de extrair óleo vital de matrizes vegetais. Sob condições ideais de sonicação, a EAU produz uma maior proporção de ácidos gordos insaturados saudáveis, enquanto a extração convencional de Soxhlet produz uma maior proporção de ácidos gordos saturados. A ultrassonografia tem a vantagem de utilizar menos solvente e de produzir resultados mais rapidamente [146].

1.2 Técnicas recentes de produção de biodiesel

O desenvolvimento da sociedade aumenta a procura de energia. Particularmente no sector dos transportes, a necessidade de gasóleo está a aumentar de dia para dia e, consequentemente, há um problema de poluição ambiental, pelo que existem desafios graves para a sobrevivência e o desenvolvimento humanos. O biodiesel constitui um tipo de solução sustentável para os problemas acima referidos. É possível produzir biodiesel a partir de várias gorduras animais, óleos vegetais e algas. Existem várias técnicas de conversão de óleo em biodiesel. Esta parte aborda técnicas emergentes e novas, como o processo supercrítico, o processo assistido por ultra-sons e o processo assistido por micro-ondas para a produção de biodiesel.

Processos novos e emergentes para a produção de biodiesel

Existem vários inconvenientes no processo convencional de fabrico de ésteres alquílicos, nomeadamente o grande tempo de reação, o funcionamento em modo descontínuo e a separação complicada.

É necessário abordar os impactos ambientais dos resíduos e subprodutos gerados pela produção de biodiesel. Tendo em conta as exigências globais, a competitividade no mercado e as políticas governamentais, é necessário dispor de processos mais eficientes para a produção de biodiesel.

a. Transesterificação catalisada por lipase

No caso do processo de transesterificação convencional, o óleo que contém ácidos gordos reage com um álcool na presença de um catalisador alcalino. Mas há um problema de formação de sabão, purificação e lavagem, especialmente no caso de óleos com maior percentagem de ácidos gordos livres. No caso da transesterificação com catalisador de lipase, as enzimas são utilizadas como catalisadores. As vantagens deste processo são o facto de poder ser realizado a baixa temperatura de reação, a facilidade de purificação, o elevado rendimento em termos de pureza e a possibilidade de reciclar a enzima retida. As limitações são o longo tempo de reação e o custo elevado [141].

b. Transesterificação nanocatalisada

Neste método, em vez dos catalisadores convencionais ácidos ou alcalinos, podem ser utilizados vários nanocatalisadores para melhorar a reação entre o óleo e o álcool. Podem ser utilizados nano materiais como KF/CaO, CaO-Al O_{23} e MgO. As vantagens deste processo são a possibilidade de utilizar uma menor quantidade de catalisador, uma vez que tem uma área de superfície mais específica, o catalisador pode ser reciclado muitas vezes, existe uma grande variedade de escolha de catalisadores, é fácil isolar o produto final e é eficiente. As limitações são o facto de necessitar comparativamente de mais álcool para um rendimento efetivo e de ser mais dispendioso [142].

c. Catalisador de líquido iónico para transesterificação

Neste método, os líquidos iónicos são utilizados como catalisadores. Estes não são mais do que sais orgânicos constituídos por catiões e aniões que existem como líquidos em condições ambientes. Os catiões controlam as propriedades físicas, como a densidade e a viscosidade, enquanto os aniões são responsáveis pelas propriedades químicas. Durante o processo de transesterificação, o líquido iónico, como o 1-n-butil-3-metilimidazólio, é normalmente utilizado. As vantagens deste processo são que, durante a preparação dos catalisadores, as suas caraterísticas podem ser planeadas para satisfazer uma determinada necessidade, o catalisador pode ser simplesmente isolado, pode ser reutilizado, tem uma boa ação catalítica e uma estabilidade admirável. As limitações são o custo de produção [143].

d. Processo supercrítico

Trata-se de um novo método de produção de biodiesel. Não utiliza qualquer catalisador. Diz-se que um fluido é supercrítico quando a sua temperatura e pressão estão acima do ponto crítico. Em condições supercríticas, o fluido pode difundir-se como um gás através de sólidos e dissolver os materiais como se fossem líquidos. Mais frequentemente, podem ser utilizados o álcool, o CO_2 e a água. As vantagens deste processo são uma taxa de reação mais rápida, uma grande produção, a não necessidade de lavagem e a facilidade de conceção do equipamento. As limitações prendem-se com o facto de exigir temperaturas e pressões elevadas, bem como custos de funcionamento mais elevados [144].

e. Processo assistido por ultra-sons

As ondas de ultra-sons não são mais do que ondas sonoras com uma frequência superior ao limite da audição humana, que é superior a 20 KHz. Estas podem ser utilizadas na produção de biodiesel para acelerar a taxa de reação. Durante a transesterificação, uma vez que o óleo e o metanol não podem ser misturados facilmente, as ondas ultra-sónicas desempenham um papel vital na mistura adequada e na promoção da transferência de massa de líquido para líquido. Devido à mistura dinâmica, aumenta a área de reação entre o álcool e o óleo e produz pequenas gotículas em comparação com a agitação convencional. As ondas ultra-sónicas podem ser produzidas utilizando um transdutor feito de material piezoelétrico. As vantagens deste processo são a melhor mistura entre o óleo e o álcool, o aumento da taxa de reação, o rendimento e a poupança no consumo de energia. As limitações são o tamanho das partículas, que é um fator crítico, e o facto de ser geralmente menos robusto [89].

f. Transesterificação assistida por micro-ondas

Neste método, as micro-ondas são utilizadas para aquecimento durante a produção de biodiesel. As micro-ondas não são mais do que radiações electromagnéticas com uma frequência entre 300 MHz e 30 GHz, o calor é transferido devido à fricção molecular que provoca um aumento rápido da temperatura dos reagentes. As vantagens deste processo são a eficiência e a rapidez do aquecimento, o curto tempo de reação, a elevada pureza do produto e o baixo custo de produção. As limitações são o facto de poder não ser facilmente escalável da pequena escala para a produção industrial, a sua segurança, a necessidade de equipamento especial, a menor seletividade e a reação óbvia a alta temperatura [145].

1.3 Métodos de separação do ácido **linoleico**

O óleo vegetal e as gorduras animais são constituídos por vários ácidos gordos saturados e insaturados. Existem vários métodos para separar os ácidos gordos do óleo vegetal [196].

a. Cromatografia de adsorção (Maddikeri et al.2012) - Nesta, com base na adsorção, os produtos químicos são retidos na superfície. Utiliza uma superfície sólida como fase estacionária e gás ou líquido como fase móvel.

b. **Separação enzimática** (Kempers et al.2013) Utiliza lipases que são adicionadas a uma mistura de óleo e água, na qual o processo de separação é efectuado limitado ao grau de separação.

c. **Destilação molecular** (Cermak et al.2012)

A destilação molecular utiliza as temperaturas de ebulição dos ácidos gordos para o isolamento do óleo vegetal.

d. **Cristalização a baixa temperatura** (Brown e Kolb 1955)

Uma vez que os ácidos gordos saturados têm uma temperatura de congelação mais elevada do que os insaturados. O óleo a ser fraccionado é arrefecido a uma temperatura à qual grande parte dos ácidos saturados cristaliza, enquanto a maior parte dos ácidos insaturados permanece na forma líquida.

e. **Complexação com ureia** (Jaemin Lee et al.2016)

O óleo é misturado com etanol, ureia e depois aquecido a 60^0 C com agitação até a mistura formar uma solução homogénea. A mistura é primeiro deixada a cristalizar à temperatura ambiente e depois arrefecida no congelador. O cristal formado é a fração complexada com ureia, enquanto a solução restante é a fração não complexada com ureia, que é rica em ácidos gordos poli-insaturados.

Capítulo 2

2. Revisão da literatura

O biodiesel, um substituto do gasóleo, é definido como ésteres alcalinos de ácidos gordos derivados de diferentes óleos. As caraterísticas dos ésteres alquílicos podem ser alteradas através da modificação do perfil dos ácidos gordos, da modificação genética, da alteração do álcool, da utilização de matérias-primas alternativas e de alimentos alternativos [181]. É crucial compreender a relação entre a estrutura e as propriedades físicas dos ésteres de ácidos gordos. Ao selecionar óleos vegetais para produzir biodiesel com as caraterísticas desejadas, este aspeto é especialmente crítico. É possível obter as qualidades desejadas nos biocombustíveis com um conhecimento exato do papel desempenhado pela estrutura molecular [182]. Numerosos cientistas inventaram novos aditivos para ésteres alcalinos para perceber as consequências no concerto e na libertação.

Senthil Ramalingam et al. realizaram ensaios com factores de entrada do motor mais elevados, tais como IT, IP e CR, enquanto adicionavam aditivos antioxidantes, e chegaram à conclusão de que o BTE aumenta enquanto as emissões de fumo, CO e NOx, HC diminuem [95].

Ahmed I. El-Seesy et al. realizaram um estudo experimental para avaliar o modo como a adição de nanoplaquetas de grafeno ao biodiesel de pinhão-manso combinado com gasóleo afectaria o funcionamento do motor e as suas emissões. O desempenho térmico foi melhorado e os níveis de BSFC, HC, NOx e CO foram significativamente reduzidos [96].

Pinkesh R. Shah et.al. utilizaram um bioaditivo sob a forma de lecitina de soja no óleo de Karanja puro, o que indica uma diminuição significativa dos depósitos no injetor e da tensão superficial. Os resultados dos ensaios também evidenciam uma diminuição significativa das emissões de NOx e CO em comparação com as emissões sem aditivo, sem penalização do BSFC [97].

Nitin Shrivastava et.al. utilizaram um aditivo sob a forma de nanopartículas de alumina num motor diesel de aspiração natural com gasóleo e biodiesel . As nanopartículas de alumina em quantidades de 50 e 150 foram adicionadas separadamente a 100% de biodiesel de jatropha e a 100% de gasóleo puro, formando nanoemulsões que resultam na diminuição das temperaturas elevadas e, em última análise, dos NOx. Os resultados demonstraram que o motor é económico, amigo do ambiente e altamente eficiente [99].

18

S. S. Hoseini et al. estudaram os efeitos de um novo aditivo de combustível chamado óxido de grafeno nas caraterísticas de emissão e desempenho de motores C I utilizando biodiesel de Ailanthus altissima, que mostra um aumento da potência, EGT, bem como um ligeiro aumento dos níveis de NOx e CO_2 [100].

Cunneyt Cesur et.al. efectuaram estudos com o óleo de sementes de Cocklebur como uma nova fonte para a produção de biodiesel e mencionaram que as sementes contêm 35% de óleo com uma grande percentagem de ácido linoleico poli-insaturado de 76,97%. Mediram diferentes propriedades, como o ponto de inflamação, a densidade, o índice de iodo, o teor de água, etc. e compararam com as normas ASTM D6751 e EN14214 e obtiveram resultados de acordo com a gama padrão, pelo que pode ser misturado com gasóleo [59].

Durante uma experiência, **Omar I. Awad et al.** verificaram que o teor de humidade do combustível de fusel foi reduzido de 13,5% para 6,5% e o valor calorífico aumentou 13%. A pressão de pico do cilindro e o IMEP aumentaram, juntamente com uma pequena melhoria no BP e no BTE [153].

Um sistema de catalisador heterogéneo com basicidade e acidez que permite que a transesterificação e a esterificação ocorram simultaneamente numa única fase de reação foi investigado com sucesso por **H. Haziratual Manrdhiah et al**. testaram o catalisador enzimático como um novo biocatalisador que tem uma elevada capacidade de produção de combustível e uma atividade estável, mas requer um tempo de reação mais longo [154].

De acordo com a investigação de **S. Madiwale et al.**, quando vários aditivos oxigenados, como o etanol, o metanol, o n-butanol e o éter dietílico, são adicionados a misturas de ésteres alquílicos de gasóleo, a qualidade da combustão melhora e obtém-se uma combustão completa. As emissões de CO, NOx e PM serão reduzidas [157].

Jeya **Jeevahan et al**. sugeriram diferentes métodos para superar as limitações do biodiesel, tais como atomização deficiente, NOx elevado, capacidade de fluxo a frio, estabilidade de oxidação deficiente, problemas de armazenamento, etc. Eles falaram sobre o emprego de aditivos de combustível para alterar a composição do combustível e reconstruir suas qualidades. O efeito do iso-butanol como aditivo no comportamento térmico e nas emissões do motor de misturas de biodiesel geradas a partir de óleo vegetal usado foi estudado experimentalmente [158]. O impacto dos aditivos para gasóleo/biodiesel nas emissões e na eficiência dos motores de ignição por compressão foi examinado por **Esmail Khalife et al**. Aditivos oxigenados, aditivos de base não metálica, antioxidantes, aditivos poliméricos, água e metálicos são as cinco categorias em que os aditivos estão divididos. O impacto de cada categoria no BSFC, no BTE e nas emissões foi discutido em pormenor e resumido. Adicionalmente, vários métodos de adição de água, incluindo a injeção direta de água, emulsão diesel-água e adição de água no coletor de entrada, foram mostrados e analisados minuciosamente quanto às vantagens e desvantagens [162].

Com a mistura de combustíveis oxigenados, como o n-butanol, o etanol e o metanol, **Ahmad Fayyazbakhsh et al.** desenvolveram um novo modelo para a formulação do combustível para motores diesel, a fim de reduzir as emissões de gases de escape, as propriedades do combustível e melhorar o desempenho do motor. Como resultado, o BTE diminuiu, mas o BSFC aumentou. Em algumas circunstâncias, pode mesmo conduzir a um aumento das emissões de CO, CO_2 e NOx [160]. **Ertan Alptekin** avaliou um motor Common Rail CI com biodiesel e aditivos oxigenados a várias velocidades. De acordo com os resultados, o biodiesel e as suas misturas de combustível oxigenado apresentaram uma BSFC mais elevada do que o gasóleo à base de petróleo. A BSFC do biodiesel foi aumentada pela adição de etanol e solketal. De acordo com os dados relativos às emissões, o biodiesel emite menos HC e CO e mais NOx e CO_2 do que o gasóleo. Em comparação com o biodiesel, as misturas de combustível acima referidas também resultaram em maiores emissões de NOx e menores emissões de CO_2, HC e CO [161].

Esmail Khalife et al. avaliaram o impacto de uma adição à base de metal, nanopartículas de óxido de cério, no desempenho térmico e nos parâmetros de emissão de uma mistura de combustível diesel/biodiesel. De acordo com os resultados, a nanoemulsão aquosa de óxido de cério melhora a qualidade global da combustão e produz quantidades muito inferiores de HC, CO e NOx [159].

Os impactos de cinco aditivos diferentes, incluindo $C\,H\,O_{6142}$, $C\,H\,O_{6143}$, $C\,H\,O_{5122}$, $C\,H\,O_{7163}$, e $C\,H\,O_{482}$, nas qualidades do combustível, comportamentos de fase e caraterísticas de emissão foram examinados experimentalmente por **Chodehanok Attaphong et al.** Os resultados demonstram que a adição de aditivos pode melhorar algumas qualidades do combustível. Numa experiência, **Karoon Fangsuwannarak et al.** utilizaram uma mistura de B40 com uma adição de 0,1 g de biopolímero e descobriram que os parâmetros de gravidade específica, viscosidade cinemática e ponto de inflamação foram os que mais melhoraram, juntamente com uma redução das emissões de gases de escape [165].De acordo com **Lail Fatt Chuah et al.** as caraterísticas físico-químicas dos ácidos gordos são influenciadas por estruturas de ácidos gordos poli-insaturados, saturados e mono-insaturados, entre outros. Embora o grau de insaturação estivesse relacionado com caraterísticas do biodiesel como o índice de iodo, o número de cetano e a estabilidade da oxidação, o CFPP estava relacionado com o fator de saturação da cadeia longa [25]. Por **H. Soukht Saraee et al.** salientaram que a utilização de nanopartículas metálicas na câmara de combustão melhora a transferência de calor para o combustível e acelera a combustão, o que minimiza o atraso na ignição; foram adicionadas nanopartículas de prata ao gasóleo. Os resultados também demonstram um aumento da potência do motor em consequência de um menor consumo de combustível [167]. Ao misturar aditivos de combustível à base de bio-glicerol com gasóleo, **Punam Mukhopadhyay e Rajat Chakraborty** descobriram que os poluentes prejudiciais, como as emissões de NOx/HC/CO/fumo, são significativamente reduzidos. Desenvolveram alguns aditivos para melhorar o número de cetano, a viscosidade e as caraterísticas de fluxo a frio [168]. O éter dietílico foi avaliado como aditivo de combustível para o biodiesel-diesel B30, e **Obed M. Ali et al.** (2015) descobriram que, embora o ponto de fluidez, o valor de aquecimento e o ponto de turvação sejam reduzidos, há uma melhoria notável no valor ácido, na densidade do combustível, nas caraterísticas de fluxo a frio e na viscosidade cinemática [169]. Numa experiência, C. Syed Alam **et al.** adicionaram nanopartículas de óxido de alumínio ao éster metílico de jujuba zizipus e descobriram uma redução notável no BSFC e nas emissões de gases de escape em todas as configurações de carga, bem como uma melhoria notável no BTE [170]. A utilização do craqueamento térmico como uma forma alternativa de melhorar as propriedades do biodiesel por **Roghaieh Parvizsedghy et al.** o biodiesel é continuamente alimentado no reator a uma gama de temperaturas de 450 C-500^{00} C. Enquanto o HCV é melhorado, diminui o ponto de inflamação, a viscosidade cinemática, o número de cetano e as propriedades de fluxo a frio [171]. Utilizando nanopartículas de alumina como aditivo na mistura de biodiesel e gasóleo de soja, **T. Shaafi** e **R. Velraj** efectuaram uma investigação para examinar os efeitos no desempenho do motor, na combustão e nas emissões. Descobriram que as misturas de combustível têm um EGT mais baixo do que o gasóleo simples e têm uma maior pressão no cilindro durante a combustão e uma taxa mais rápida de libertação de calor. Embora a quantidade de CO tenha sido reduzida pelo oxigénio do biodiesel e pela melhor capacidade de mistura das nanopartículas, verificou-se um ligeiro aumento dos NOx a plena carga [172]. Como novo ingrediente do biodiesel, os resíduos de polímeros foram dissolvidos na investigação de **Mortaza Aghbashlo et al.** para melhorar a sustentabilidade e as propriedades energéticas do motor diesel. Os parâmetros exergéticos mostraram depender da carga e da velocidade do motor. O aumento da velocidade do motor reduz visivelmente a pontuação de sustentabilidade e a eficiência energética. No entanto, o aumento da carga do motor melhora a eficiência energética e o índice de sustentabilidade. A análise exergética também demonstrou aumentar o índice de sustentabilidade dos processos de combustão e diminuir a irreversibilidade e as perdas que ocorrem nos motores modernos [175]. Em comparação com as estratégias existentes, como o tratamento dos gases de escape e as modificações do motor, **T. Shaafi** e **R. Velraj** apresentaram uma nova técnica denominada adulteração do combustível para reduzir as emissões e aumentar o desempenho. Analisaram o modo como vários nanoaditivos afectavam as caraterísticas e as emissões dos motores de ignição por compressão que utilizavam misturas de ésteres alcalinos e concluíram que as propriedades termofísicas, como a difusividade da massa, a relação área de superfície/volume, a condutividade térmica, a viscosidade cinemática, o ponto de inflamação e o ponto de inflamação, eram melhoradas [174]. **Raju Belagali** e **P. R. Dhamanagoankar** recomendaram um novo aditivo para aumentar o valor calorífico do gasóleo. Devido ao seu elevado valor energético, é o material perfeito para a recuperação de energia. Para avaliar as qualidades do combustível, o aditivo é misturado com gasóleo em várias proporções. Os resultados mostraram que a adição aumentou o poder calorífico do gasóleo e diminuiu o BSFC e as emissões de CO [176]. De acordo com **Evangelos G. Giakoumis**, quando o nível de insaturação aumenta, as seguintes propriedades do combustível aumentam: ponto de inflamação, densidade, índice de iodo, valor calorífico e teor de carbono, enquanto o ponto de turvação, a viscosidade, o índice de cetano, o ponto de fluidez e a razão ar-combustível diminuem [177]. O grau de insaturação e o peso molecular são duas caraterísticas estruturais a partir das quais Luis Felipe **Ramirez et al.** estabeleceram correlações empíricas para prever a viscosidade cinemática, o número de cetano, o HCV e a densidade. A melhor concordância entre as propriedades físicas calculadas e experimentais foi mencionada [17]. O poliestireno expandido tem um elevado valor energético quando utilizado como aditivo para gasóleo, e **P. Mohammadi et al.** verificaram que, à medida que a viscosidade, a densidade e o BSFC diminuem, o ponto de inflamação aumenta, tornando-o um material ideal para a recuperação de energia [179]. **P. Ravikumar** chegaram à conclusão de que o HCV dos biocombustíveis é principalmente afetado pelas caraterísticas físicas e foi desenvolvida uma equação para prever o HCV dos biocombustíveis com base nas suas propriedades físicas, como o ponto de inflamação, a viscosidade e a densidade [11]. **Gerhard Knothe** chegou à conclusão de que existem vários métodos para alterar a composição do combustível para melhorar as qualidades dos combustíveis biodiesel. A melhor hipótese de corrigir simultaneamente várias ou todas as preocupações com as propriedades do combustível é proporcionada pela alteração genética inerente da composição de ácidos gordos. Para além do oleato de metilo, os ésteres do ácido decanóico e o palmitoleato de metilo são excelentes possibilidades para aumentar as caraterísticas do combustível biodiesel. Contudo, ao ter em conta essas matérias-primas e combustíveis modificados, é provável que seja necessário avaliar uma série de questões adicionais [183].

Revisão da literatura relacionada com o desenvolvimento de um modelo matemático para o VHC

O teor energético é uma propriedade importante para especificar um combustível. O teor energético é expresso em termos de um valor calorífico, por vezes referido como calor de combustão ou valor calorífico. Para obter o poder calorífico, uma quantidade unitária de combustível sólido ou líquido é completamente queimada num calorímetro de bomba em circunstâncias bem definidas. O Poder Calorífico Superior é obtido através da utilização do calorímetro de bomba, uma vez que o calor latente da humidade é recuperado nos produtos de combustão. O poder calorífico é uma das caraterísticas mais significativas de um combustível. Os principais constituintes das gorduras e óleos são uma mistura de ácidos gordos, que contêm oxigénio, carbono e hidrogénio [7,10]. Estes são agrupados como poli-insaturados, mono-insaturados e saturados, como mostra a Tabela 1. As caraterísticas físico-químicas dos ésteres alquílicos dependem da sua estrutura, pelo que os ésteres alquílicos podem ser selecionados para uma determinada qualidade [2].
Investigadores anteriores tentaram prever o HCV dos óleos utilizando propriedades fisiológicas, tais como: dados de potássio e valor de saponificação. Alguns cientistas tentaram medir o HCV de emolientes com o apoio de conteúdos químicos de ácidos gordos. Poucos investigadores estimaram o mesmo com base nas caraterísticas dos óleos que contêm os seus pontos de fluidez e de turvação, densidade, número de cetano, viscosidade, intervalo de destilação, valor do ácido, teor de enxofre, ponto de inflamação, teor de carbono e teor de cinzas [28,32]. O processo de medição do HCV é dispendioso e demorado, pelo que é necessário estabelecer modelos estatísticos [1, 102]. O objetivo da análise é estimar a relação estatística entre o HCV e o conteúdo químico.

Tabela 1. Agrupamento dos ácidos gordos

23

N.º Sr.	Grupo	Composição	Ligações duplas C-C	Amostra
1	Poli-insaturados	$C\,H\,O_{n2n-42}$	2 ou mais	Ácido linoleico ($C\,H\,O$)$_{18322}$
2	Monoinsaturados	$C\,H\,O_{n2n-22}$	1	Ácido oleico ($C\,H\,O$)$_{18342}$
3	Saturado	$C\,H\,O_{n2n2}$	Nulo	Ácido esteárico ($C\,H\,O$)$_{18362}$

Muitos investigadores tentaram estimar o valor calorífico do combustível verde com a ajuda do conteúdo químico ou das caraterísticas físicas.

A. Demirbas estimou a ligação ao HCV com a ajuda do número de saponificação e do índice de iodo do combustível verde.

$$HCV = 49.43 - 0.041(SN) + 0.015(IV)$$

(1)

Onde SN é a contagem de saponificação e IV é a contagem de iodo [1].

G. Knothe mencionou que a contagem de insaturações, a dimensão da cadeia e a ramificação são as caraterísticas que afectam as caraterísticas físicas e químicas de uma molécula de éster alquílico. Caraterísticas significativas do combustível, como o calor de combustão, a constância da oxidação, a viscosidade, a lubricidade , o número de cetano , o fluxo a frio e, por sua vez, as emissões de biodiesel são afectadas pelas caraterísticas básicas dos diferentes ésteres gordos [2].

A. Demirbas determinou a relação estatística entre o valor calorífico bruto e a viscosidade, densidade e ponto de inflamação de diferentes combustíveis verdes.

$$HCV = 0.4625VS + 39.450$$

(2)

$$HCV = -0.0259DN + 63.776$$

(3)

$$HCV = -0.021FP + 32.12$$

(4)

Onde FP: ponto de inflamação, VS: viscosidade, DN: densidade [4].

A. A. Refaat desenvolveu a inter-relação entre caraterísticas físicas como o índice de cetano, a estabilidade à oxidação e a viscosidade, a estrutura química dos ésteres alquílicos e os perfis de engenharia dos ácidos gordos para otimizar as caraterísticas do combustível de ésteres alcalinos [5].

P. S. Mehta et al. estabeleceram uma técnica para determinar os valores de combustão inferiores de vários óleos, utilizando a força de ligação da respectiva estrutura atómica e a composição dos ácidos gordos presentes nesses combustíveis. A precisão da estimativa é boa, até 3%, em comparação com os dados de ensaio disponíveis [8].

W. F. Fassinou et al. criaram uma nova estratégia para calcular o VHC com a ajuda do perfil dos ácidos gordos. Para tal, é necessário conhecer o número de átomos de oxigénio, hidrogénio e carbono disponíveis no respetivo ácido gordo. O calor de combustão do respetivo ácido gordo pode ser obtido utilizando a fórmula seguinte.

$$HCV = \frac{393x + 241\frac{Y}{2}}{12x} + y$$

(5)

Onde x e y nada mais são do que a contagem de átomos de C e H [10,18].

K. Sivaramakrishnan et al. estabeleceram uma ligação entre o HCV e o ponto de inflamação, a densidade e a viscosidade do éster alcalino e observaram uma boa confiança entre os valores medidos e calculados.

$$HCV = 0.4527 \times V - 0.0008 \times D - 0.0003 \times FP + 40.3667$$

(6)

Aqui, FP: ponto de inflamação, V: viscosidade, D: densidade [11].

L. Wang et al. utilizaram vários materiais vegetais como fonte significativa para a produção de combustível verde e construíram um gráfico trilateral para estimar as caraterísticas do combustível, nomeadamente a contagem de iodo, a contagem de cetano e a estabilidade da oxidação [16].

L. F. Ramírez et al. desenvolveram a previsão do HCV utilizando o peso molar do FAME e contagem de ligações duplas.

$$\delta i = 46.19 - \frac{1794}{M_i} - (0.21 \times N)$$

(7)

Aqui δ_i é HCV, M_i é i^{th} peso molar do FAME, N é o número de ligações duplas. Com a adição do HCV para o ácido gordo correspondente, o HCV do éster alcalino pode ser alcançado [17].

E. G. Giakoumis selecionou várias plantas de combustíveis verdes em função do seu conteúdo químico. A informação recolhida após a avaliação estática foi utilizada para identificar o efeito em várias caraterísticas e concluiu que o aumento da quantidade de insaturação ou da quantidade de ligações duplas leva ao aumento do HCV do combustível verde gerado [20].

H. Sanli et al. estabeleceram uma equação de correlação do HCV utilizando conteúdos químicos.

$$HCV = 32629.061 + 57.390a + 71.795b + 231.631c + 16.913d + 66.268e + 70.501f + 387.989g + 1228.692h - 115.455i$$

$$(8)$$

Aqui a-i são os pesos percentuais dos vários ácidos de composição [23].

E. G. Giakoumis et al. estabeleceram modelos de inter-relação para avaliar a densidade, a viscosidade, o número de cetano e o HCV com a ajuda dos teores de composição de vários óleos, utilizando regressão. São obtidas inter-relações sólidas para o índice de cetano e a densidade, mas para o HCV e a viscosidade são mais fracas.

$$HCV = 39839.54 - 1159.62x_1 + 24.96x_2 + 14.03x_3 + 1.71x_4 - 52.32x_5 + 1.51x_6 + 2.78x_7 + 8.57x_8$$

$$(9)$$

Aqui, x_1- x_8 são os pesos em percentagem dos diferentes ácidos de composição no óleo [31].

Y. Sergeeva et al. efectuaram estudos para desenvolver a inter-relação entre as propriedades dos biocombustíveis e a sua estrutura química. Utilizaram lípidos de levedura e microrganismos fototrópicos para análise de perfis de ácidos gordos para prever propriedades principais como viscosidade, contagem de iodo, contagem de cetano e verificaram-nas com o real [29].

V. Kumbhar et al. estabeleceram a inter-relação entre as caraterísticas do biodiesel, como o índice de cetano, a densidade, o valor térmico e a viscosidade, e o perfil de ácidos gordos, utilizando a análise de regressão linear múltipla de nove matérias-primas diferentes.

$$HHV = 31.42 + 4.18x_1 + 0.011x_2 + 0.0916x_3 + 0.0112x_4 + 0.0656x_5 + 0.0740x_6 + 0.0947x_7 \qquad (10)$$

Aqui, x_1 a x_7 denota o peso em percentagem dos diferentes ácidos de maquilhagem no óleo [33].

A.Amin et. al. (2015) produziram relações empíricas para prever caraterísticas do combustível como densidade, valor calorífico e viscosidade e correlacionaram com dados experimentais usando biodiesel de óleo de rícino misturado com diesel. Eles mencionaram que essas equações podem ser usadas universalmente [101].

Dario Alviso et al. utilizaram uma base de dados de 48 óleos diferentes para estabelecer modelos de regressão em termos de insaturação e saturação. As equações são desenvolvidas para o número de cetano, a contagem de iodo, o ponto de fluidez, a viscosidade cinemática, o ponto de turvação, etc., com um algoritmo genérico. Foi mencionado que o modelo tem um bom desempenho [19].

Shicheng Wang et al. estabeleceram a dependência do modelo de HCV em relação à matéria volátil, cinzas e teor de carbono, utilizando dados anteriores com análise Gaussiana. É mencionado que o coeficiente de inter-relação de 0,961 é atingido [6].

Os modelos produzidos matematicamente por vários cientistas para determinar o HCV utilizando os teores de ácidos de maquilhagem estão a ter bons resultados, mas contêm pesos percentuais de poucos ácidos de maquilhagem. Podem existir trinta e sete ácidos de composição nos óleos [17]. Todos eles não são considerados durante o desenvolvimento de modelos matemáticos, pelo que é necessário estabelecer uma equação que contenha todos os ácidos de composição. Esta investigação faz uma tentativa de estabelecer a relação matemática do HCV utilizando ácidos de composição.

1.4 Pesquisa bibliográfica sobre o rendimento ótimo do biodiesel

O éster alquílico produzido não é senão biodiesel. Na realidade, a quantidade de álcool metílico necessária para completar a reação é superior à teórica [40, 44, 64]. Durante este trabalho, a experimentação é feita para otimizar o fabrico de ésteres alcalinos para maximizar a produção e minimizar a viscosidade. O processo catalisado por bases foi concebido porque requer menos tempo e menos custos [59, 68]. As variáveis utilizadas são metanol: quantidade de óleo, quantidade de catalisador, temperatura de reação e duração da reação. A velocidade de agitação foi mantida constante [66].
Vários cientistas conduziram a investigação para otimizar diferentes variáveis de processo para maximizar a quantidade de ésteres alcalinos de vários óleos.

Ciineyt CESUR et.al. gerou um éster alquílico utilizando óleo de sementes de berbigão com NaOH (0,35 wt.%) como catalisador de base e álcool metílico (20 % v/v). A temperatura de aquecimento foi mantida a 60^0 C durante 60 minutos com agitação contínua a 600 rpm. Finalmente, as caraterísticas dos ésteres alquílicos como o ponto de turvação, a viscosidade, o ponto de inflamação, a densidade, o valor calorífico, a contagem de iodo, etc. foram testadas e consideradas de acordo com as normas ASTM D6751 [59].

P. K. Sahoo et. al. inventaram uma reação de otimização para a produção de ésteres alcalinos a partir de óleos de Polanga, Ratan jyot e Karanja . Realizaram estudos para verificar o impacto da quantidade de metanol, da quantidade de catalisador e do tempo de aquecimento no rendimento do éster alcalino. Foram selecionados vários óleos: quantidades de metanol em volume na gama de 6 - 40 % e tempo de reação de meia a 4 horas com uma quantidade de álcali de 0,5% - 2 %. Verificou-se que os resultados do rendimento dependem principalmente da quantidade de álcool. Verifica-se uma diminuição da viscosidade com o aumento da quantidade de metanol. Foi mencionado que o rendimento diminui com o excesso de quantidade de base e gera mais rendimento devido ao aumento do tempo de reação [42].

Rakesh Sarin et. al. realizaram um trabalho para a produção de éster alcalino e a sua maximização para o óleo de niger com a otimização de várias variáveis operacionais do processo para a produção de biodiesel e alcançaram uma produção máxima de 98,7%. Durante os seus estudos, descobriram que a quantidade molar de álcool: óleo vegetal está a contribuir fortemente para a produção e mencionaram que a produção de éster alcalino aumenta com o aumento da quantidade de álcool: óleo até 10:1 e com o aumento adicional de álcool, a produção diminui [44].

Hulya Karabas produziu ésteres alquílicos a partir de óleo de bolota em bruto com transesterificação em duas fases e optimizou vários parâmetros do processo aplicando o desenho de experiências de Taguchi. As variáveis de reação óptimas obtidas são a concentração do catalisador de base 0,7 % p/p, a quantidade de álcool: óleo 8:1, a temperatura da reação 50^0 C e a duração da reação 40 minutos [48].

Godwin Kafui Ayetor et. al. testaram experimentalmente o efeito da quantidade de álcool no rendimento do biodiesel com várias fontes, nomeadamente coco, ratan-jyot e óleo de palma africano. O impacto do álcool em vários rácios de 4:1 a 8:1 foi escolhido para estudo, mantendo fixas as restantes variáveis do processo. A temperatura de 65^0 C foi mantida durante a reação e o tempo de aquecimento foi de 60 minutos, a concentração de álcali foi constante. Ficou provado que é possível obter um maior rendimento com uma quantidade adicional de álcool. Para obter o máximo rendimento de biodiesel a partir do óleo de Jatropha curcas, 6:1 é o rácio ótimo de álcool: óleo [50].

Dominic Okechukwu Onukwuli et. al. utilizaram a abordagem RSM para otimizar a produção de ésteres alcalinos a partir do óleo de sementes de Gossypium herbaceum (algodão). Foi inventada a influência de diferentes parâmetros do processo. Mencionaram que a temperatura de reação e a quantidade de catalisador têm maior contribuição para a taxa de conversão, mas o efeito do tempo é insignificante. A correlação para prever o rendimento foi produzida, o que gera uma melhor concordância entre os valores calculados e os experimentais. As condições finais para o melhor fabrico são o aquecimento a 55^0 C, 6:1 metanol: quantidade de óleo, 0,6% de catalisador, 60 minutos de tempo. Foi atingido um rendimento máximo de 96% [54].

Jassinnee Milano et. al. efectuaram a otimização de diferentes variáveis de reação para as misturas WCO e folha de beleza (Penaga Laut) aplicando a geração de éster alcalino para obter o rendimento máximo de conversão de biodiesel. Sugeriram que o rendimento de conversão do biodiesel aumenta com o aumento da quantidade de metanol: óleo até um nível mais elevado e depois diminui. Uma menor quantidade de metanol resulta num menor rendimento. Quando a quantidade de metanol: óleo foi mantida alterando a temperatura, nota-se que o rendimento de saída aumenta até um certo limite, mas depois diminui. O impacto do tempo de reação no rendimento do éster alcalino é menor [62].

S. Chozhavendhan et.al. analisaram experimentalmente várias variáveis que afectam a produção de biodiesel e a sua purificação. Observaram que, na realidade, é necessária uma quantidade extra de álcool metílico para completar o processo de produção de ésteres alcalinos do que a quantidade teórica. O aquecimento também tem um contributo importante durante a reação. A taxa de reação melhora com o aumento da temperatura e a diminuição da viscosidade até um certo limite, mas se o aquecimento continuar para além desse limite, contribui negativamente para a reação. Um outro parâmetro importante que aumenta a taxa de reação é a velocidade de agitação. Esta deve ser utilizada entre 200 e 800 rpm. Uma maior velocidade de agitação pode levar à formação de sabão, enquanto uma menor velocidade produz biodiesel de má qualidade [64].

Murat Kadir Yesilyurt et. al. utilizaram a técnica de Taguchi para investigar a síntese de biodiesel a partir do óleo de Storax para otimizar a geração de ésteres alquílicos e obtiveram um rendimento de 89,23%. Obtiveram resultados óptimos selecionando quatro variáveis de entrada, nomeadamente a quantidade de catalisador 0,6 % em peso, a quantidade de metanol: óleo 6:1, a duração da reação de 60 minutos e a temperatura de reação de 60^0 C. Concluíram que o primeiro fator que contribui é a concentração do catalisador , o segundo fator importante é a quantidade de metanol: óleo. A temperatura e a duração da reação são comparativamente menos influentes, com 1,19% e 0,42%, respetivamente [66].

1.5 Pesquisa bibliográfica para determinar os parâmetros óptimos de funcionamento do motor VCR a diesel utilizando misturas de biodiesel-diesel, mistura de biodiesel de berbigão e ácido linoleico como aditivo.

O biodiesel de óleo de sementes de berbigão tem propriedades próximas do gasóleo [59,33]. Cientificamente, a planta é conhecida como Xanthium strumarium L. Como combustível de origem diferente, os limites normais de conceção de um motor de ignição por compressão não se adequam exatamente ao biodiesel, pelo que é necessário um novo conjunto de variáveis de funcionamento para descobrir o concerto e as emissões ideais. Alguns dos investigadores utilizaram misturas de biodiesel com gasóleo ou com biodiesel para otimizar um ou mais parâmetros de funcionamento do motor VCR, sendo as suas conclusões discutidas a seguir.

Naseem et al. efectuaram um estudo sobre o motor diesel VCR com biogás e biodiesel WCO através da variação do CR, IP e IT em três níveis diferentes e concluíram que o CR-18,5, IP- 240 bar e IT 24,5 dá os melhores resultados [122]. **Abhishek et al.** utilizaram a abordagem RSM com matriz de design composto central com biodiesel de jojoba no motor VCR para otimização e previram a melhor combinação de parâmetros de entrada como IP-215,2 bar, IT- 25^0 bTDC e 24% de mistura com diesel [104]. **Xingyu et al.** utilizaram o Método da Superfície de Resposta para otimizar o desempenho e as emissões do motor e mencionaram que a injeção da mesma quantidade de combustível perto da câmara de combustão principal proporciona um melhor desempenho do motor do que quando está afastada. Concluíram também que uma pressão de injeção elevada favorece uma melhor mistura ar-combustível, melhorando assim a combustão e o desempenho [133]. **Ashrafur et al.** utilizaram gasóleo, biodiesel, álcool e outros combustíveis renováveis num motor de combustão interna para avaliar o resultado do TI nas emissões e no resultado térmico. Verificaram que o avanço do IT durante a utilização de gasóleo reduz a libertação de CO e HC com aumento de BTE e NOx devido ao aumento da temperatura dos gases de escape. O retardamento do IT durante a utilização de misturas de combustível diesel-biodiesel reduz os NOx mas produz mais emissões de HC e CO [82]. **Mohit et al.** utilizaram biodiesel de óleo de farelo de arroz bruto misturado com gasóleo num motor diesel VCR e concluíram que o BTE aumenta com o aumento da taxa de compressão, juntamente com a diminuição das emissões de CO, HC, mas com o aumento das emissões de CO_2 e NOx [120]. **Prabhakar et al.** utilizaram uma mistura de biodiesel de óleo de Azolla pinnata com gasóleo num motor VCR e mencionaram que a mistura de CR-17,5 e 10 % dá melhores resultados [127]. **Abhishek et al.** concentraram-se na otimização dos parâmetros do motor com misturas de biodiesel de pongâmia e encontraram um desempenho ótimo em IT-25^0 bTDC, IP-226 bar e 40 % de mistura de biodiesel com diesel [105]. **Pankaj e Arivalagan** realizaram uma investigação com misturas de biodiesel de Roselle e Karanja B20 em gasóleo e concluíram que o BTE, EGT, NOx e fumo diminuem enquanto o BSFC, CO_2 aumenta em comparação com o gasóleo [125]. **Channapattana et al.** utilizaram metacrilato de óleo de honne no motor VCR e concluíram que o BTE e o CO_2 aumentam com o aumento da RC, mas que a libertação de NOx aumenta [113]. **Bhupendra et al.** estimaram o concerto de diferentes misturas de biodiesel de óleo de karanja no motor CI e relacionaram-no com o gasóleo mineral. Verificaram que o BTE, o CO, o CO_2 , o fumo são menores, enquanto a libertação de NOx é maior em relação ao gasóleo [109]. **Subhash e Subramanian** estudaram o resultado de misturas de ésteres alcalinos no desempenho e nas emissões de um motor de combustão interna e concluíram que a libertação de fumo, HC e CO diminui com o aumento das misturas de biodiesel, mas as emissões de NOx aumentam [129]. **Mohammed e Medhat** utilizaram misturas de biodiesel de óleo alimentar usado num motor diesel VCR e investigaram que o BTE diminui com o aumento da percentagem da mistura e aumenta com o aumento da taxa de compressão. Com o aumento da taxa de compressão, o HC e o CO diminuem, enquanto o CO_2 e o NOx aumentam [118]. **Biplab et al.** utilizaram éster metílico de óleo de palma num motor diesel VCR. Encontraram CR-18 e IT -20^0 bTDC como condições de funcionamento adequadas [110]. **Campli et al.** utilizaram nanopartículas de NiO em biodiesel de óleo de neem misturado com gasóleo em motor VCR. Utilizando a RSM, obtiveram 17,25 CR, 227,86 bar IP e 26,99^0 bTDC IT como factores de previsão do motor para obter o máximo desempenho e o mínimo de emissões com um valor de desejabilidade de 0,62[111]. **Channapattana et al.** testaram experimentalmente várias misturas de ésteres metílicos de óleo de Honne em motores diesel VCR com variação de IP, CR e IT. Verificou-se que a diminuição da percentagem de NOx é maior para o IT retardado do que para o avançado. A intensidade do fumo aumenta tanto com o retardamento como com o avanço do tempo de injeção. A otimização é conseguida através de GA e ANN. Os melhores valores de IP, CR e IT são 227 bar, 18 e 22^0 bTDC, respetivamente [77]. **Avinash et al.** efectuaram uma investigação para estudar o efeito do IP e do IT num motor de um cilindro de ignição por compressão. Observaram que o aumento do IP aumenta o BTE, enquanto o CO_2 e o HC diminuem com o aumento do NOx. O avanço do IT produz efeitos semelhantes [107]. **Himanshu**

et al. utilizaram bio-óleo de jatropha em motor VCR e obtiveram CR de 18, mistura de 12,22% e carga de 6,66 Kg como condições óptimas com valor de desejabilidade de 0,786 [116]. **Nayak et al**. usaram óleo de peixe e misturas de biodiesel de óleo alimentar usado em motores diesel, e concluíram que CR-18, IP-230bar, IT-24^0 bTDC são as condições para o melhor desempenho e emissões [123]. **Mohd e Adam** utilizaram misturas de óleo de larva de Hermetiaillucens (HILO) em diesel, empregando uma abordagem de superfície de resposta para otimizar o desempenho do motor e as emissões com variação de carga. Observou-se que o desempenho e as emissões são semelhantes aos do gasóleo, com um ligeiro aumento do BSFC, do CO, do CO_2 e do HC, mas com uma redução do NOx. A mistura de combustível de 6,43% e a carga do motor de 92,72% são consideradas óptimas [119]. **Sivaramakrishnan et al**. utilizaram o método RSM para investigar o efeito do RC nas emissões e no desempenho do motor de ignição por compressão com várias misturas de éster metílico de pongâmia. Com o aumento do RC, obtêm-se melhores resultados para o BTE e o BSFC, com uma diminuição dos HC e do CO, mas um aumento dos NOx [81]. **Avinash et al**. analisaram o comportamento de misturas de óleo de Karanja num motor C I. Foi utilizado um permutador de calor especialmente concebido para reduzir a viscosidade do óleo. A utilização do calor residual dos gases de escape foi efectuada para pré-aquecer o óleo. Verificou-se que as misturas mais baixas têm melhor comportamento térmico e menos emissões com e sem pré-aquecimento. Para todas as misturas, a libertação de NOx foi inferior à do gasóleo. A mistura de óleo de Karanja a 50% (v/v) pode substituir o gasóleo em motores de combustão interna [71]. **Kumar et al**. efectuaram experiências para examinar o resultado do IT e do EGR no concerto do motor, na combustão e na descarga com biodiesel de óleo de palma. Utilizaram várias misturas de biodiesel formadas numa base volumétrica como B10, B20 e B30 com gasóleo e experimentaram-nas no motor CI. Os resultados mostraram que o B20, 27^0 bTDC e 20 % EGR dá um BTE mais elevado [93]. **Nabi et al**. estudaram o método de redução das emissões de NOx utilizando EGR com biodiesel preparado a partir de óleo de neem misturado com gasóleo num motor C I. Concluiu-se que as misturas de biodiesel têm menos fumo e CO, mas mais NOx, que podem ser menores em relação ao gasóleo quando se utiliza a EGR [121].

No que diz respeito à literatura acima referida, pode concluir-se que a maioria dos investigadores misturou biodiesel com gasóleo, mas os estudos relacionados com a otimização utilizando 100% de combustível renovável são mínimos. Além disso, é importante estimar os parâmetros de funcionamento do motor, uma vez que os motores não foram concebidos para 100% de biodiesel. Há menos literatura disponível em que os três parâmetros de entrada CR, IT e IP, juntamente com o EGR, são utilizados simultaneamente para determinar o melhor desempenho térmico e as menores emissões.

No presente trabalho de investigação, o biocombustível preparado por uma mistura de biodiesel de Cocklebur misturado com diesel, biodiesel de Cocklebur misturado com biodiesel de Karanja e ácido linoleico como aditivo no biodiesel de Karanda é testado no motor diesel VCR para otimizar os parâmetros de funcionamento autónomo do motor, como CR, IP e IT, juntamente com EGR, para determinar várias respostas do motor. A otimização de múltiplos objectivos é utilizada para encontrar a pontuação de desejabilidade correta para os parâmetros de entrada, a fim de obter o melhor comportamento térmico com menos emissões.

1.6 O défice de investigação

1. As correlações matemáticas produzidas por inventores anteriores para prever o HCV com a ajuda de conteúdos químicos têm resultados satisfatórios, mas contêm o peso percentual de um número limitado de ácidos gordos. Existem mais de trinta e cinco ácidos gordos diferentes nos óleos, pelo que é necessário criar uma nova inter-relação que contenha todos os ácidos gordos prováveis.

2. No que diz respeito à literatura acima referida, pode concluir-se que a maioria dos investigadores misturou biodiesel com gasóleo, mas os estudos relacionados com a otimização utilizando um combustível 100% renovável são mínimos.

3. É importante estimar os parâmetros de funcionamento do motor, uma vez que os motores não são concebidos para 100 % de biodiesel ou biodiesel misturado com gasóleo.

4. Há menos literatura disponível em que os três parâmetros de entrada CR, IT e IP, juntamente com o EGR, são utilizados simultaneamente para determinar o melhor desempenho térmico e as menores emissões.

5. Observa-se que nenhum organismo testou o biodiesel de óleo de sementes de berbigão em motores diesel e também o ácido linoleico como aditivo para aumentar o valor calorífico do biodiesel.

6. Os estudos relacionados com a separação de ácidos gordos do óleo, como o ácido linoleico, são mínimos.

1.7 Declaração do problema

Para obter a mesma potência do motor utilizando biodiesel e gasóleo convencional, é necessária uma maior quantidade de biodiesel devido ao baixo valor calorífico do biodiesel, pelo que é necessário estudar o efeito da composição química no valor calorífico e melhorar o valor calorífico do biodiesel selecionado.

1.8 Objetivo

Melhorar o poder calorífico do biodiesel selecionado através da adição de um ácido gordo poli-insaturado (ácido linoleico) ou de biodiesel produzido a partir de óleo de sementes de berbigão.

1.9 Objectivos

1. Determinar o efeito da composição química dos ácidos gordos no poder calorífico e desenvolver um modelo matemático.
2. Tentar aumentar o poder calorífico de um combustível biodiesel selecionado através da adição de ácido linoleico ou de biodiesel produzido a partir de óleo de sementes de berbigão.
3. Tentar fazer funcionar o motor de ignição por compressão com 100% de biodiesel, poupando no consumo de combustível em comparação com o biodiesel anteriormente selecionado.
4. Diminuir a emissão de NOx após a combustão do novo combustível biodiesel em comparação com o gasóleo.

1.10   Metodologia

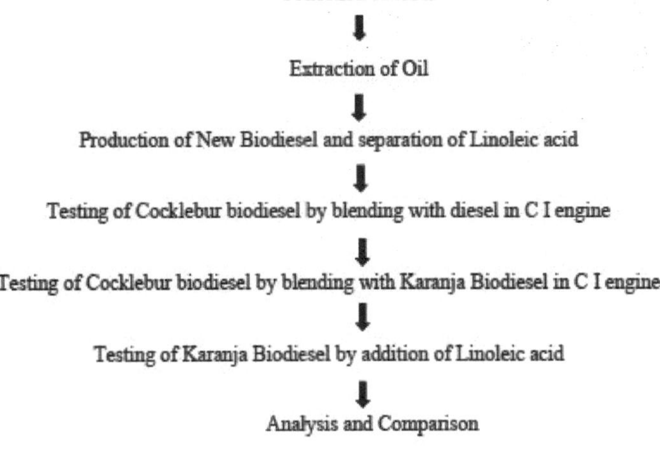

Fig. 1 Fluxograma da metodologia

Capítulo 3

3. Materiais e métodos

1.11   Desenvolvimento de um modelo matemático para o VHC

Com base na quantidade de poli-insaturação, mono-insaturação e saturação, foram selecionadas nove sementes oleaginosas diferentes, de acordo com a Tabela 2, para efeitos de análise. Durante a seleção, é necessário ter em atenção que cada tipo terá três sementes, confirmando que a proporção é maior. Para medir o teor de óleo das sementes, utilizou-se um aparelho de Soxhlet com éter de petróleo como solvente. A prensagem mecânica foi utilizada para extrair a gordura essencial para a produção de ésteres alcalinos. As ilustrações dos ésteres alquílicos foram efectuadas no Apex Innovations Laboratory, Sangli. O HCV e o conteúdo orgânico foram controlados no Laboratório QSS, Navi-Mumbai.

Tabela 2. Sementes selecionadas Nome botânico

N.º Sr.	Nome comum	Nome Botânico
1	Awala	Phyllanthus emblica
2	Babul	Acácia Radiana
3	Castor	Ricinus communis
4	Jamun	Syzygium cumini
5	Mahua	Madhuca indica
6	Karanja	Pongamia pinnata
7	Melão	Cucumis melo
8	Milo	Thespesia populnea
9	Ratan jyot	Jatropha curcas

1.11.1 Processo de extração de óleo

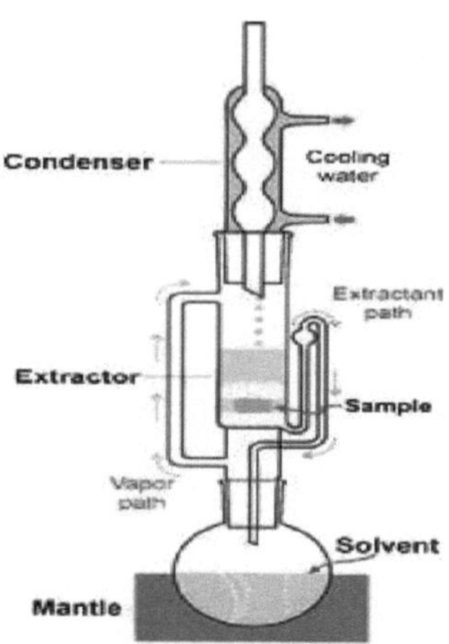

Fig. 2 Aparelho de Soxhlet

Nesta experiência, o aparelho de Soxhlet foi concebido para extrair óleo de várias sementes. É amplamente utilizado para várias amostras sólidas, nomeadamente ambientais e biológicas. Desde há vários anos que o aparelho de Soxhlet é utilizado regularmente em todos os laboratórios de análises. O aparelho de Soxhlet convencional é apresentado na fig.2. É constituído por um balão de destilação, uma câmara de Soxhlet e um condensador. A câmara de Soxhlet contém um dedal (suporte da amostra) e um sifão.

A extração do óleo é feita nas seguintes etapas. Primeiro, o material da amostra, depois de embalado em papel de rede, é colocado num dedal. Em seguida, os vapores de solvente fresco, gerados num balão de destilação, passam sobre o dedal com a amostra a extrair e são condensados no condensador. Quando o solvente atinge o nível de transbordo, procede-se à aspiração da solução por sifão e o líquido do solvente regressa ao balão de destilação. Ao cair, traz consigo os solutos extraídos. A separação do soluto e do solvente ocorre no balão de destilação. Em seguida, o soluto permanece no balão e os vapores do solvente voltam para o material de amostra. O ciclo repete-se várias vezes até à extração completa. A extração em Soxhlet é uma prática bem estabelecida que permite a extração sem supervisão. No entanto, requer um tempo de extração prolongado de 6 a 8 horas e o consumo de uma grande quantidade de solvente. Quando o aquecimento é interrompido, o solvente é mantido aberto para evaporação.

1.11.2 Cromatografia gasosa

A IS 548-3 (1976) foi utilizada na presente investigação para a cromatografia gás-líquido. Trata-se de uma técnica moderna e normalizada utilizada para a análise rápida de gorduras e óleos. A quantidade de amostra de óleo é em miligramas. Neste processo, os ésteres metílicos do óleo correspondente são dissolvidos num solvente adequado e separados por GLC. A mistura de ésteres metílicos é vaporizada para a coluna e fraccionada por partição entre a fase móvel gasosa e a fase líquida estacionária. Utiliza-se um gás inerte, como o azoto, o hélio ou o árgon, como gás de arrastamento. No presente caso, o hidrogénio é utilizado como eluente. O período de retenção de cada espécie depende da pressão de vapor e da solubilidade na fase líquida. É preparada uma coluna com uma variedade de seletividade. Uma coluna aquecida permite a separação de materiais que se vaporizam a temperaturas até 400^0 C [15,26,32,31].

1.11.3 Produção de biodiesel

Geralmente, o processo de transesterificação em duas etapas é utilizado para a produção de ésteres alquílicos. Este processo tem três respostas reversíveis sequenciais, ou seja, a conversão de triplo-glicéridos em duplo-glicéridos e, posteriormente, de duplo-glicéridos em mono-glicéridos. Os acilgliceróis são transformados em glicerina e numa partícula de éster. Se o óleo tiver mais de 4% de AGL, é utilizada a transesterificação em duas fases para transformar as gorduras com excesso de AGL em ésteres simples. A primeira fase é a esterificação, que é catalisada por ácido e diminui o teor de AGL do óleo.

$$\text{Vegetable oil} + \text{Alcohol} \overset{\text{acid}}{\Longleftrightarrow} \text{Triglyceride} + \text{Water}$$
$$(11)$$

O passo seguinte é a transesterificação utilizando um catalisador alcalino que converte os rendimentos da primeira fase em mono-metacrilato com glicerina. Neste processo, as gorduras são aquecidas a uma temperatura de 60^0 C a 65^0 C com álcool na presença de um catalisador alcalino. Isto leva à produção de ésteres e glicéridos. Se a água produzida for excessiva, existe a possibilidade de formação de sabão que reduz a produção de biodiesel. A reação química é

$$\text{Triglyceride} + \text{Alcohol} \overset{\text{alkali}}{\Longleftrightarrow} \text{Glycerol} + \text{Alkyl ester}$$
$$(12)$$

Durante este processo são utilizados álcoois simples como o metanol e o etanol e catalisadores fundamentais como NaOH e KOH. É necessária uma grande quantidade de álcool para aumentar o rendimento. A partir deste processo, são geradas moléculas de glicerol e de ésteres. Posteriormente, a glicerina é removida por gravidade. A formação de ésteres alcalinos ajuda a reduzir a viscosidade da gordura, tornando-a próxima do óleo diesel em termos de caraterísticas [28,30].

1.11.4 Aferição do poder calorífico superior

O HCV é o calor libertado através da combustão da quantidade elementar de combustível e da saída de arrefecimento para as condições ambiente. Em suma, representa o calor disponível com o combustível. O HCV do éster alcalino é medido por um calorímetro de bomba com o método ASTM D240. Através da queima completa de uma amostra pesada sob condições reguladas num calorímetro de bomba, o calor de combustão será decidido neste processo. A amostra a avaliar, juntamente com o fusível, foi queimada em em a bomba, carregando gradualmente com O_2 a uma pressão manométrica de 30 bar. O calor de combustão pode ser estimado através da observação da temperatura antes, durante e depois da combustão, tendo em conta as devidas correcções [18,19].

1.11.5 Composição química

Para efeitos de análise, foram selecionadas várias nove sementes oleaginosas. A karanja, a Jatropha e a rícino são escolhidas para uma maior monoinsaturação. Milo, awala e muskmelon para uma maior poli-insaturação, enquanto Jamun, babul e mahua para uma maior saturação. O teor de ácidos gordos medido dos óleos escolhidos é o indicado no quadro 3 e o teor químico coletivo é o indicado no quadro 4. Os ésteres alcalinos foram gerados a partir dos óleos selecionados, utilizando as variáveis indicadas na Tabela 5. Através do método de geração de ésteres alcalinos, foi mantida uma velocidade de rotação de 600 rpm.

Tabela 3. Teores de ácidos gordos no óleo de sementes selecionadas

Óleo de sementes	Ácido esteárico C18:0	Ácido palmítico C16:0	Ácido lignocérico C24:0	Ácido mirístico C14:0	Ácido oleico o C18:1	Recinoleico Ácido C18:1(O)	Ácido linoleico o C18:2	Ácido Linolénico C18:3
Awala	7.1	9	-	-	30.1	-	44	9.8
Acácia Radiana	6.5	38	-	-	34.5	-	21	-
Castor	1	1.7	-	-	2.28	87.22	4.3	3.5
Jamun	7.5	4.7	2.8	28.9	36.2	-	16.7	3.2
Mahua	22	22	2	-	43	-	11	-
Karanja	7.5	7.9	4	-	51.59	-	28.9	-
Cucumis melo	10.84	17.68	-	-	21.12	-	50.4	-
Milo	7.3	26.8	-	3.6	19.1	-	39.2	4
Pinhão-manso	8.6	13	-	-	45.4	-	33	-

Tabela 4. Óleo de sementes selecionado teor químico combinado

Óleo de sementes	HCV testado (MJ/Kg)	Saturação (%)	Monoinsaturação (%)	Poliinsaturação (%)
Awala	40.7	16.1	30.1	53.8
Acácia Radiana	36.9	44.5	34.5	21
Castor	37.4	2.7	89.5	7.8
Jamun	38.3	43.93	36.2	19.87
Mahua	37.2	46	43	11
Karanja	39.5	19.5	51.6	28.9
Cucumis melo	40.5	28.5	21.1	50.4
Milo	40.2	37.7	19.1	43.2

| Jatropha | 40.1 | 21.6 | 45.4 | 33 |

Tabela 5. Parâmetros selecionados do óleo de sementes para a produção de biodiesel.

N.º Sr.	Óleo vegetal	Metanol: Quantidade de óleo	%Quantidade de de catalisador	Temperatura de reação C^0	Tempo de reação min	Referências
1	Awala	5.5:1	1.0	60	60	[22]
2	Babul	10:1	1.2	45	190	[9]
3	Castor	6:1	1.2	51	45	[24][37][38]
4	Jamun	6:1	0.5	60	90	[36][21]
5	Mahua	5:1	1.0	65	60	[26][27][30]
6	Karanja	6:1	1.0	65	60	[14]
7	Melão	9:1	0.8	60	50	[35][3][12]
8	Milo	7:1	0.9	65	60	[13]
9	Pinhão-manso	6:1	1.0	65	60	[39][40]

1.11.6 Análise de regressão

Para determinar o efeito de múltiplas variáveis no parâmetro de resposta, foi concebida uma análise de regressão múltipla. Neste estudo, o VHC é tomado como variável dependente e as quantidades de poli-insaturação, mono-insaturação e saturação são tomadas como variáveis autónomas. A regressão numérica permite prever se os parâmetros contribuintes são importantes para adivinhar o parâmetro de saída. Com base no resultado das constantes de regressão, pode ser formulada uma equação de regressão mais adequada. Quimicamente, os óleos contêm diferentes ácidos gordos que podem ser divididos em três grupos principais, ou seja, poli-insaturados, mono-insaturados e saturados [28,32]. O HCV é suposto ser um efeito do conteúdo orgânico. A inter-relação matemática é produzida para o HCV do éster alcalino com o conteúdo químico, utilizando a regressão múltipla ajustada com o Minitab 19. A seleção dos óleos foi feita cuidadosamente, de modo a que cada grupo contenha três óleos na proporção necessária.

$$HCV = (K_1 \times S) + (K_2 \times M) + (K_3 \times P)$$
(13)

Aqui, as constantes são K_3, K_2 e K_1 enquanto P, M e S indicam as quantidades de poli-insaturação, mono-insaturação e saturação em percentagem correspondente.

1.12 Rendimento ótimo do biodiesel

1.12.1 Recursos

Durante esta investigação, o biodiesel é gerado a partir de óleo de sementes de carqueja. Xanthium strumarium L. é a nomenclatura botânica da planta que pertence à família Asteraceae. O seu género pertence às plantas da tribo do girassol, originárias da América do Norte. Cresce em zonas áridas, terrenos baldios em todos os locais do mundo. A sua taxa de produção é mais elevada. O teor máximo de óleo na planta é de até 42,34% [59, 65].

Os frutos da planta de berbigão foram colhidos em terras não férteis na aldeia de Bawada (18.739090 N, 74.207790 E) situada no distrito de Satara (MH), Índia. Os frutos maduros foram colhidos em dezembro de 2020 e dezembro de 2021. Os frutos, depois de limpos, secaram durante dois dias ao sol. O aparelho de Soxhlet foi utilizado para medir o teor de óleo nas sementes. Foi utilizado solvente sob a forma de éter de petróleo, a 60^0 C, para a extração de óleo. Foram extraídos 32,5% de óleo em massa. Cada fruto tem duas sementes cobertas por uma camada protetora. Depois de descascadas, as amêndoas são recolhidas e expostas à extração de óleo por prensagem mecânica. De dez quilogramas de miolo, foram extraídos dois quilogramas de óleo. As imagens dos frutos maduros de berbigão, das sementes e do óleo extraído são apresentadas na figura 3. A cromatografia gás-líquido foi utilizada para medir a composição química dos ácidos gordos no laboratório QSS, Navi Mumbai. O cromatógrafo obtido utilizando a norma IS 548-3(1976) é apresentado na figura 4. O teor de ácidos gordos medidos e as caraterísticas do óleo de sementes de berbigão são os indicados nos quadros 6 e 7. A área % indica os ácidos gordos presentes no óleo da amostra. A produção de biodiesel é efectuada utilizando a transesterificação alcalina de fase única com a ajuda de álcool metílico, soda cáustica como catalisador alcalino, condensador de refluxo lateral com aquecedor de banho de água e agitador. Os compostos necessários para a produção de ésteres alcalinos, tais como hidróxido de sódio em pastilhas (99%), metanol (99,9%), etc., são adquiridos à Vijay Chemicals, Pune.

Fig. 3 Frutos, sementes e óleo extraído da barata

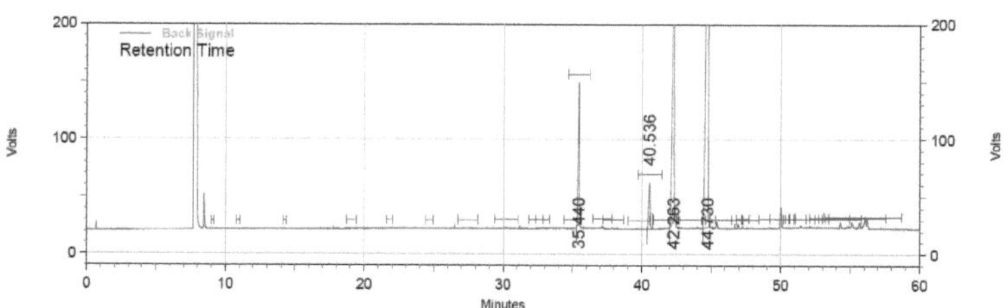

Fig. 4 Cromatógrafo de óleo de sementes de carqueja

Tabela 6. Teores de ácidos gordos (composição ácida) do óleo de berbigão

Nome	Fórmula	Tempo de retenção	Área	Área %	Altura
Ácido esteárico	$C H O_{18362}$	40.536	2240098	3.45	302678
Ácido linoleico	$C H O_{18322}$	44.730	38011514	58.49	4161833
Ácido oleico	$C H O_{18342}$	42.263	19753701	30.40	2380869
Ácido palmítico	$C H O_{16322}$	35.440	4981238	7.67	946170

Tabela 7. Caraterísticas do óleo

Caraterística	Unidade	Método de ensaio	Resultado
Densidade a 15 °C	kg/m^3	ASTM D 4052 2018a	919.00
Viscosidade cinemática a	cSt	ASTM D 7042 2020	30.63
Valor calorífico bruto	Cal/g	ASTM D240	9535
Ponto de fogo	°C	ASTM D 92 2016b	320
Ponto de inflamação	°C	ASTM D 92 2018	280
Ponto de fluidez	°C	ASTM D 97 2017b	-9

A reação química teórica durante a produção de biodiesel a partir do óleo de berbigão é

$$856 \text{ Moles fatty acids} + 96 \text{ Moles Methanol} \xrightarrow{alkali} 860 \text{ Moales alkyl ester} + 92 \text{ Moles glycerol}$$

1.12.2 Procedimento experimental

Durante a realização da experiência, foram selecionadas inicialmente quantidades de álcool metílico em diferentes proporções de óleo, variando entre 1:1 e 9:1. Verificou-se que a reação de transesterificação não ocorre entre as quantidades molares de metanol e óleo de 1:1 a 3:1. Obtém-se um rendimento comparativamente menor (75 % a 80 %) a 4:1 e, por conseguinte, foram selecionados níveis de otimização entre 5:1 e 7:1 para a produção de biodiesel. A maioria dos investigadores preferiu utilizar 1% em peso de um catalisador alcalino durante a produção de ésteres alquílicos [45, 49], no entanto, mencionaram que é possível obter um maior rendimento com uma menor absorção do catalisador [66], consequentemente, a quantidade de soda cáustica que varia entre 0,8% - 1,2% em massa foi preferida na reação. A temperatura de evaporação do metanol é de $64,7^0$ C, aumentando a temperatura mais do que isso resulta na evaporação do metanol terminando com a criação de sabão, resultando em menor rendimento [55, 64, 66]. Assim, foi selecionada a gama de temperaturas de 55^0 C a 65^0 C. A reação requer um tempo de 40 a 50 minutos para ser concluída, pelo que foi escolhido o mesmo intervalo de tempo.

Inicialmente, uma amostra de cem gramas de óleo é aquecida até à temperatura pretendida (55^0 C, 60^0 C, 65^0 C). A quantidade necessária de NaOH alcalino (0,8%, 1%, 1,2% em peso) sob a forma de paletes após a trituração na forma de precipitado, adicionando posteriormente a quantidade necessária de álcool metílico (5:1, 6:1 e 7:1 em quantidade molar para óleo), misturado com óleo e aquecido a uma temperatura uniforme durante um determinado período (40 min, 45 min, 50 min) a uma velocidade de agitação de 600 rpm. Como **Ciineyt CESUR** [59], ao gerar ésteres alcalinos a partir de óleo de sementes de Cocklebur, manteve a velocidade de agitação de 600 rpm, foi escolhida uma velocidade igual e mantida durante a experiência.

A cor amarelada do óleo após a adição de metanol torna-se branca durante a reação. A cor da solução muda ainda mais após um aquecimento consistente e uma agitação uniforme à mesma velocidade, tornando-se amarelada, o que indica que a reação vai terminar. Quando o aquecimento termina após o período escolhido, notam-se duas camadas diferentes, a avermelhada na parte inferior e a amarelada na parte superior, que são o glicerol e o éster alquílico, respetivamente. Estas são então separadas após 8 horas com uma ampola de decantação. A água destilada é utilizada para a lavagem do éster alquílico gerado. Para o processo de produção de biodiesel com uma temperatura de aquecimento inferior (55^0 C), é necessário um tempo excessivo para completar a reação. Com uma temperatura de aquecimento mais elevada (65^0 C), a reação demora menos tempo a concluir-se [45,65]. Após oito horas, o éster alcalino e o glicerol são separados com um funil de separação, pois a separação ocorre na fase líquida [59].

Para obter um rendimento máximo com uma viscosidade cinemática mínima, foram efectuadas nove experiências diferentes [50], variando a concentração do catalisador, a quantidade de metanol: óleo, a temperatura de aquecimento e a duração do aquecimento a uma velocidade de agitação fixa. Três vezes, são efectuados ensaios separados e são utilizados valores médios durante o estudo. Uma vez concluída a experimentação, as caraterísticas e o rendimento do éster alcalino foram restringidos de acordo com as normas ASTM no Chem-Tech Laboratory, Pune, para cada ensaio.

1.12.3 Conceção das experiências utilizando o método Taguchi

A matriz ortogonal de Taguchi (L9) é utilizada para a conceção da experiência com os meios do minitab 19, em 3 fases, de acordo com o Quadro 8.

O rácio S/N para o Larger é melhor, $\frac{S}{N} = -10 \times \log_{10}\left(\Sigma \frac{1/Y^2}{n}\right)$

   Eq. (2)

O rácio S/N para a câmara mais pequena é melhor, $\frac{S}{N} = -10 \times \log_{10}\left(\Sigma Y^2/n\right)$

   Eq. (3)

Onde,

Y = Combinação das fases dos factores.

n = Número total de retortas.

Tabela 8. Entradas e fases do projeto de Taguchi

Entradas	Unidades	Fases		
		1	2	3
Metanol: Quantidade de óleo	mol/mole	5	6	7
Tempo de reação	Minutos	40	45	50
Quantidade de catalisadores	% peso	0.8	1	1.2
Temperatura de aquecimento	^{0}C	55	60	65

1.13 Determinação das variáveis óptimas de funcionamento do motor diesel

VCR utilizando biodiesel de berbigão misturado com gasóleo, biodiesel de berbigão misturado com biodiesel de karanja, ácido linoleico como aditivo com biodiesel de karanja

O biodiesel de óleo de karanja necessário para a mistura foi utilizado da Apex Innovations Sangli. As seguintes amostras de combustível diferentes foram criadas com base no volume e depois testadas no motor diesel VCR nas mesmas condições

1. 20% de biodiesel de berbigão misturado com 80% de gasóleo (combustível-1)

2. 100 % gasóleo (Combustível-2)

3. 20% de biodiesel de carqueja misturado com 80% de biodiesel de karanja (combustível-3)

4. 100% biodiesel de karanja (Fuel-4)

5. 20% de ácido linoleico misturado com 80% de biodiesel de karanja (Combustível-5)

Tabela 9. Caraterísticas do combustível (1 e 2)

Caraterística	Unidade	Sistema de teste	Diesel limpo	CB20
Viscosidade cinemática a 40 C^0	cSt	ASTM D 7042 2021	2.305	2.548
Densidade a 15 C^0	g/cc	ASTM D 4052 2018 a	0.8259	0.8375
Valor Calorífico Bruto	Cal/g	IS 1448(P6)2018	10960	10695
Ponto de inflamação	^0C	IS 1448(P21)2019	65	67
Ponto de fogo	^0C	ASTM D9358T	56	74

Quadro 10. Caraterísticas do combustível (3 e 4)

Caraterística	Unidade	Método de ensaio	KB100	KB80+CB20
Viscosidade cinemática a 40C	cSt	ASTM D 7042 2021	4.65	4.51
Densidade a 15C	g/cc	ASTM D 4052 2018 a	0.8806	0.8662
Valor Calorífico Bruto	Cal/g	IS 1448(P6)2018	9647	9659
Ponto de inflamação	C	IS 1448(P21)2019	120	110
Ponto de fogo	C	ASTM D9358T	145	119

Tabela 11. Propriedades do combustível (5)

Parâmetro	Unidade	Método	LA100	KB80+LA20
Viscosidade cinemática a 40 C^0	cSt	ASTM D 7042 2021	5.423	4.804
Densidade a 15 C^0	g/cc	ASTM D 4052 2018 a	0.886	0.882
Maior poder calorífico	Cal/g	IS 1448(P6)2018	9675	9651

As caraterísticas das amostras de combustível são ensaiadas no laboratório Chem Tech, em Pune, e no laboratório QSS, em Bombaim, como mostram os quadros 9, 10 e 11. A experimentação para a otimização foi realizada utilizando o desenho de experiências de Taguchi. O conjunto de ensaio utilizado foi um motor C I de um cilindro, arrefecido a água, de aspiração natural, com injeção direta VCR. As caraterísticas de um motor são mencionadas na Tabela 12 e as incertezas de medição na Tabela 13. O computador foi ligado ao motor para medir o BTE, o BSFC e o EGT. As leituras foram efectuadas em condições de carga total e a uma velocidade constante de 1500 rpm. O analisador de gases de cinco pontos da marca AVL, recentemente calibrado, foi concebido para contar os gases de saída, por exemplo, CO, CO_2. , HC, NOx e oxigénio. O medidor de fumos da marca AVL foi utilizado para contar a opacidade do fumo. O ergómetro de correntes de Foucault fabricado pela Techno-Mech foi concebido para efeitos de carga. O CR foi variado entre 16,17 e 18 através de um conjunto de cabeça inclinada. Para variar o IP do combustível, a pré-seleção dos injetores de combustível foi feita a 240 bar, 210 bar e 180 bar. Entre a bomba de combustível e o assento do injetor, são utilizados calços rectificados para a variação do tempo de injeção estática: 19^0 bTDC, 22^0 bTDC e 25^0 bTDC. A quantidade de EGR também variou entre 5%, 10% e 15%. O efeito das variáveis de funcionamento do motor no comportamento térmico e nas emissões de escape foi avaliado considerando as figuras de superfície dos principais factores contribuintes e foram desenvolvidos modelos de regressão para todas as respostas de saída. A Fig. 5 mostra o diagrama de blocos da instalação de ensaio com EGR.

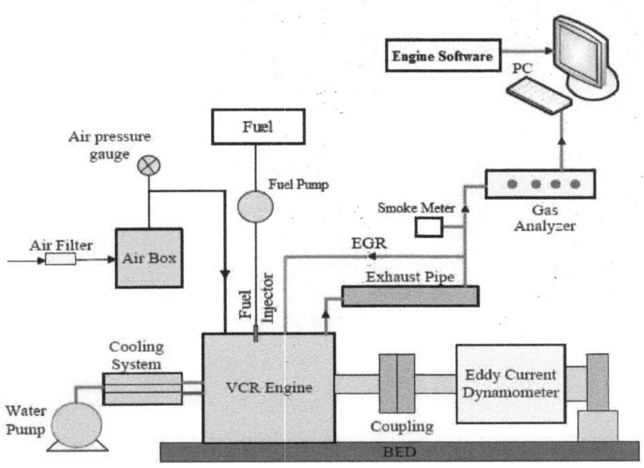

Fig. 5 Configuração de teste Layout do bloco-1

Tabela 12. Detalhes do motor

Fazer	Kirloskar
Modelo	240PE
Capacidade	661cc
Furo	87,5 mm
Gama CR	12 a 18
Variação da injeção	0 a 25^0 bTDC
Carregamento	Dinamómetro de correntes parasitas
Potência	3,5KW
RPM	1500
Acidente vascular cerebral	110 mm

Tabela 13. Medição Incertezas

Variável	Incerteza (%)
Medição de combustível	0.5
Velocidade	0.1
Carga	0.2
HC	0.1
CO	0.2
NOx	0.2
CO_2	0.3
Fumo	1

Para otimizar o processo com experimentação através dos recursos disponíveis, é utilizada a técnica de otimização de Taguchi. No presente estudo, considerando quatro parâmetros de entrada como IP, CR, EGR e IT, utilizando o software Minitab 19, foi efectuada a metodologia de conceção de Taguchi. São atribuídos e ajustados três níveis para os valores de nível superior, médio e inferior com a matriz ortogonal padronizada de Taguchi L9 (3^4). Após a realização das experiências, os resultados são utilizados para a otimização multiobjectivo. O efeito das variáveis de entrada é analisado para maximizar as emissões de CO_2 , BTE, e minimizar as emissões de CO, HC, NOx, fumo e o BSFC com duas caraterísticas de desempenho, nomeadamente quanto maior, melhor e quanto menor, melhor. O biodiesel de óleo de Karanja necessário para a mistura foi utilizado da Apex Innovations Sangli. São preparadas três amostras diferentes de combustível misturando biodiesel de óleo de sementes de berbigão em várias proporções, tais como 10%, 20% e 30% no gasóleo, em volume, e de forma semelhante com o biodiesel de óleo de karanja. As propriedades das amostras de combustível misturadas são medidas no Chem Tech Laboratory Pune, como indicado nos quadros 14 e 15, separadamente. A Fig. 6 mostra o diagrama de blocos da instalação de ensaio sem EGR.

Tabela 14. Propriedades do combustível e das misturas de combustível com gasóleo .

Descrição do teste	Viscosidade cinemática a 40 C^0	Densidade a 15 C^0	Valor Calorífico Bruto	Ponto de inflamação	Ponto de fogo
Unidade	cSt	g/cc	Cal/g	^0C	^0C
Método de ensaio	ASTMD7042 2021	ASTMD405220 18 a	IS 1448(P6) 2018	IS 1448(P21) 2019	ASTM D9358T
Óleo de Cocklebur	30.63	0.919	9535	280	320
Gasóleo	2.305	0.8259	10960	65	-
CB100	3.997	0.8862	9790	72	-
CB10	2.433	0.8324	10850	66	71
CB20	2.548	0.8375	10695	67	74
CB30	2.651	0.8432	10565	68	77

Tabela 15. Caraterísticas do combustível e das misturas de combustível com biodiesel de karanja

Descrição do teste	Viscosidade cinemática a 40 C^0	Densidade a 15 C^0	Valor Calorífico Bruto	Ponto de inflamação	Ponto de fogo
Unidade	cSt	g/cc	Cal/g	C	C
Método de ensaio	ASTMD7042 2021	ASTMD40522 018 a	IS 1448(P6) 2018	IS1448(P21) 2019	ASTM D9358T
Óleo de Cocklebur	30.63	0.919	9535	280	320
Gasóleo	2.305	0.8259	10960	65	-
KB100	4.653	0.8806	9530	120	135

KB90+CB10	4.6	0.8814	9562	116	130
KB80+CB20	4.51	0.8826	9600	110	121
KB70+CB30	4.46	0.8835	9640	105	114

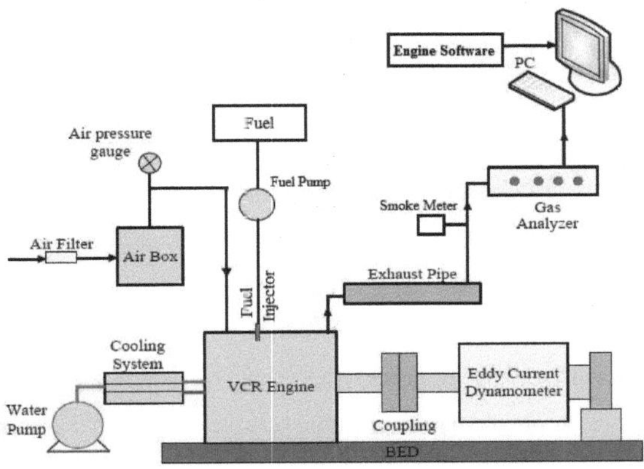

Fig. 6 Configuração de teste Layout do bloco-2

A experimentação para otimização foi realizada utilizando a abordagem Box-Behnken para o desenho experimental e estimando a desejabilidade em várias taxas de compressão, IP, IT e misturas. A configuração de ensaio utilizada foi a de um motor de injeção direta VCR de um cilindro, naturalmente aspirado, arrefecido a água. As leituras foram efectuadas em condições de carga máxima e a uma velocidade constante de 1500 rpm. Foi utilizado um analisador de gases de saída de cinco pontos da marca AVL, recentemente calibrado, para contar as emissões de gases de saída como CO, CO_2 , HC, NOx e oxigénio. O medidor de fumos da marca AVL foi concebido para contar a opacidade dos fumos. O dinamómetro de correntes de Foucault fabricado pela Techno-Mech foi utilizado para efeitos de carga. O CR foi variado na gama de 16, 17 e 18 através do conjunto da cabeça basculante. Para alterar o IP do combustível, os injectores de combustível foram pré-ajustados para 240 bar, 210 bar e 180 bar. Entre a bomba de combustível e o assento do injetor, são utilizados calços rectificados para a variação da regulação estática da injeção de combustível: 19^0 bTDC, 23^0 bTDC e 27^0 bTDC. O resultado dos parâmetros de funcionamento do motor no comportamento térmico e nas emissões de saída foi analisado utilizando gráficos de contorno dos principais factores contribuintes e foram desenvolvidos modelos de regressão para todas as respostas de saída. A otimização multi-objetivo é a utilização da abordagem RSM. A versão 19 do software Minitab foi utilizada para a análise RSM. As variáveis de entrada e as suas fases de variância são apresentadas nas Tabelas 62 e 69, separadamente. As experiências são concebidas utilizando o método Box-Behnken. Os valores das respostas de saída registados para experiências múltiplas são apresentados nos Quadros 63 e 70, um a um. Para modelar as respostas de saída, é utilizada a análise de regressão com função polinomial. Os modelos quadráticos desenvolvidos são validados estatisticamente através da confirmação do valor 'P' próximo de zero, o que garante a estabilidade do modelo a um bom nível de confiança. Além disso, o R^2, o desvio padrão e os valores médios obtidos são apresentados nos quadros 64 e 73, respetivamente. O método da função de desejabilidade é uma técnica legítima utilizada para a otimização multiobjectivo [126]. O valor abrangente da função de desejabilidade é avaliado transformando a resposta de saída julgada numa contagem sem dimensão. O valor mais elevado entre várias funções de desejabilidade é suposto ser a solução óptima que implica um bom valor funcional do sistema.

Separação do ácido linoleico por cristalização a baixa temperatura

No presente estudo, o biodiesel de óleo de Karanja (80%) misturado com ácido linoleico (20%) é utilizado como combustível. O ácido linoleico é separado do óleo de sementes de Cocklebur através de cristalização a baixa temperatura. O óleo vegetal e as gorduras animais são constituídos por ácidos gordos saturados e insaturados. A temperatura de congelação dos ácidos saturados é superior à dos ácidos insaturados. O óleo a ser fraccionado é arrefecido a uma temperatura à qual uma grande parte dos ácidos saturados cristaliza, enquanto uma grande parte dos ácidos insaturados permanece no estado líquido. Os ácidos gordos presentes no biodiesel de óleo de sementes de berbigão e as suas temperaturas de congelação estão listados na tabela 16. Ao arrefecer a amostra de óleo no frigorífico a uma temperatura até 0^0 C, todos os ácidos gordos, exceto o linoleico, cristalizam, pelo que se procede à separação, que é utilizada para aumentar o valor calorífico do biodiesel de caranguejo [194,195].

Tabela 16. Temperaturas de congelação dos ácidos gordos

Nº Sr.	Ácidos gordos	Temperatura de congelação C^0
1	Esteárico	69.3
2	Palmítico	62.9
3	Oleico	13
4	Linoleico	-5

Capítulo 4

4. Resultados e discussões

1.14 Desenvolvimento de um modelo matemático para o VHC

A equação matemática desenvolvida é a seguinte

$$\text{Estimated HCV} = 0.3511\,\text{Saturation \%} + 0.3711\,\text{Monounsaturation \%}$$
$$+ 0.4530\,\text{Polyunsaturation \%}$$
$$= 0.3511S + 0.3711M + 0.4530P \quad (R^2 = 0.9998)$$

(14)

Onde, $K_1 = 0,3511$, $K_2 = 0,3711$ e $K_3 = 0,4530$

Tabela 17. R^2 Valores do modelo atual

R^2 (pred)	R^2 (adj)	R^2
99.95%	99.97%	99.98%

O número de preditores do modelo que são verdadeiros é representado pelo R adj^2 . Os valores do R adj^2 (99,97%) e do R^2 (99,98%) são próximos dos valores do R pred^2 (99,95%), o que indica que o modelo não parece estar sobreajustado e tem poder preditivo suficiente. De acordo com o modelo, a quantidade de poli-insaturação, seguida da quantidade de mono-insaturação e da quantidade de saturação, têm consecutivamente o impacto no VHC. A natureza inconsistente do efeito da saturação pode ser responsável por este facto. Poucos ácidos gordos saturados, como por exemplo o ácido láurico (C H O$_{12242}$), provocam uma diminuição do VHC. Poucos ácidos gordos monoinsaturados, como por exemplo o ácido palmitoleico (C H O$_{16302}$), têm um efeito negativo no VHC. A poli-insaturação uniforme tem um aumento no HCV como resultado da sua presença [31].

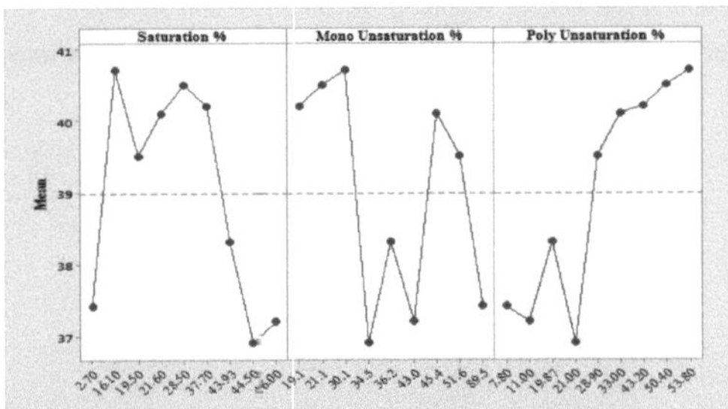

Fig. 7 Esquema de efeito médio para poli-insaturação, saturação e mono-insaturação

De acordo com a Fig. 7, as concentrações de HCV são máximas a 53,8% de poli-insaturação, 30,1% de mono-insaturação e 16,1% de saturação. O HCV cresce constantemente à medida que a poli-insaturação sobe para 21%. Além disso, o HCV aumenta à medida que a mono-insaturação sobe para 19,1% e permanece acima de 30,1% antes de cair. O VHC aumenta quando a quantidade de mono-insaturação ultrapassa os 43%, mas depois diminui. De 2,7% a 16,1%, a quantidade de saturação aumenta; no entanto, o HCV começa então a diminuir. De 19,5% a 28,5%, a quantidade de saturação apresenta um carácter crescente; no entanto, começa depois a diminuir até 44,5%. Isto pode ser devido ao facto de que à medida que a percentagem de não-saturação aumenta, mais ligações duplas são formadas, o que pode resultar na libertação de energia adicional durante a sua quebra [31].

A Fig. 8 demonstra que o HCV diminui à medida que as quantidades de monoinsaturação e de saturação aumentam para mais de 40% e 33%, respetivamente. Quando as percentagens de saturação são superiores a 40, as percentagens de mono-insaturação são superiores a 30 e as percentagens de saturação são até 10 enquanto a percentagem de mono-insaturação é superior a 78, pode ser apresentado um HCV reduzido. Se a composição do óleo para o biodiesel tiver mono-insaturação entre 20 - 40% e saturação entre 8 - 33%, o HCV é superior a 40 MJ/Kg.

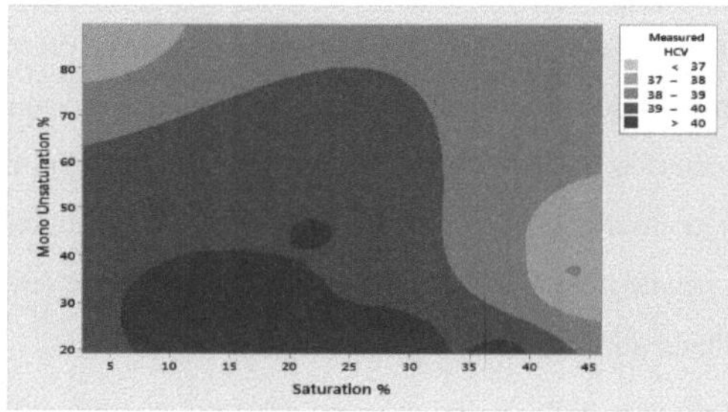

Fig. 8 Esquema de contorno do HCV contado Vs Saturação Vs Monoinsaturação

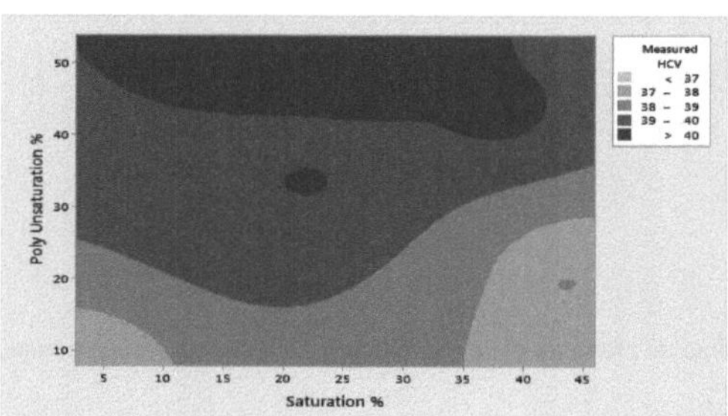

Fig. 9 Esquema de contorno do HCV contado Vs Saturação Vs Monoinsaturação

De acordo com a Fig. 9, as percentagens mais baixas de poli-insaturação iguais a 27 e as percentagens mais elevadas de saturação entre 35 e 45 estão associadas a um VHC mais baixo. O HCV aumenta à medida que a percentagem de poli-insaturação aumenta. Com percentagens de poli-insaturação superiores a 45 e percentagens de saturação entre 5 e 35, o biodiesel terá um HCV superior a 40 MJ/Kg.

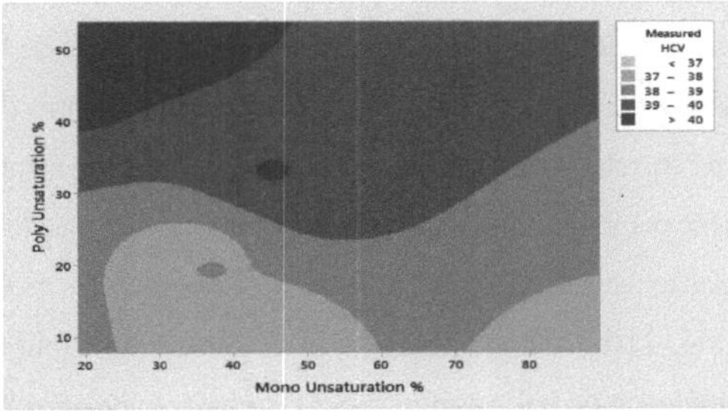

Fig. 10 Esquema de contorno de HCV contado Vs Mono-insaturação Vs Poli-insaturação

A figura 10 mostra uma relação entre níveis mais baixos de HCV e um intervalo de mono-insaturação de 25% a 60%, bem como percentagens menores de poli-insaturação abaixo de 25% e quantidades maiores de mono-insaturação para além de 70%. O HCV aumenta à medida que aumenta a percentagem de poli-insaturação.

Para níveis de saturação entre 5% e 35%, níveis de mono-insaturação entre 20% e 40% e níveis de poli-insaturação acima de 40%, observam-se valores mais elevados de HCV, como mostram as Figs. 8, 9 e 10, demonstrando que o HCV aumenta com o aumento dos níveis de insaturação.

De acordo com a Tabela 18, à medida que a insaturação aumenta, ocorrem mais ligações duplas carbono-carbono. Quando estas ligações se quebram, podem libertar muita energia, o que provoca o aumento do HCV. De acordo com a hipótese de Lewis, a energia de uma ligação cresce proporcionalmente ao número de ligações que ela tem com os dois átomos, à medida que se torna mais curta e mais forte. Como mostra a Tabela 18, mais energia de dissociação será libertada quando as ligações se quebram devido à maior força e estabilidade da molécula [41].

Tabela 18. Energia de dissociação das ligações C-C

N.º Sr.	Tipo de obrigação	Duração da obrigação (picómetro)	Energia de dissociação da ligação (KJ/Mole)
1	$C - C$	1.54	348
2	$C = C$	1.34	614
3	$C \equiv C$	1	839

De acordo com a equação de Luis, a Tabela 19 mostra os valores de aquecimento dos ácidos gordos. Esta equação também mostra que quando o número de ligações duplas C-C aumenta, o peso molecular diminui e o poder calorífico aumenta [17].

A Tabela 20, mostra o HCV estimado e medido de uma amostra de biodiesel de óleo de semente, mostrando que as estimativas e medições estão dentro de 2,82% uma da outra. O gráfico de correlação entre o HCV estimado e o medido é apresentado na Fig. 11(a), e demonstra o melhor impacto com um fator de correlação R^2 = 0,87. Um gráfico de correlação entre a percentagem de poli-insaturação e o HCV medido é apresentado na Fig. 11(b), demonstrando que existe um aumento do HCV com o aumento da percentagem de poli-insaturação. O coeficiente de correlação é de 83,1%. A maioria dos investigadores chegou à mesma conclusão de que o HCV aumenta à medida que a insaturação aumenta [17,20,28]. Devido ao facto de ser produzida mais energia durante a quebra de ligações duplas quando a insaturação de carbono a carbono aumenta, o HCV também aumenta [31,33].

Tabela 19. Disparidade do poder calorífico em relação ao número de ligações duplas

Ácidos gordos	Fórmula química	C-C duplas	Ligações	Peso molar	Valor calorífico (MJ/Kg)
Esteárico	$C\ H\ O_{18362}$	Nulo		284.5	39.88
Oleico	$C\ H_{1834}\ O2$	1		282.5	40.05
Linoleico	$C\ H_{1832}\ O2$	2		280.4	40.21

Tabela 20. Determinação do coeficiente de correlação

N.º Sr.	Biodiesel	HCV Medido (MJ/Kg)	HCV Estimado (MJ/Kg)	Erro absoluto	% de erro
1	Awala	40.7	41.19	0.49	1.2
2	Castor	37.4	37.7	0.3	0.8
3	Cucumis melo	40.5	40.67	0.17	0.42
4	Karanja	39.5	39.09	0.41	1.04
5	Acácia Radiana	36.9	37.94	1.04	2.82
6	Jamun	38.3	37.86	0.44	1.15
7	Mahua	37.2	37.09	0.11	0.3
8	Milo	40.2	39.89	0.31	0.77
9	Jatropha	40.1	39.38	0.72	1.8

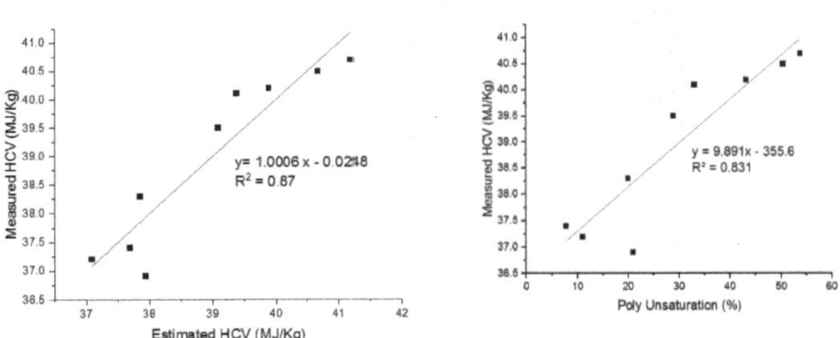

Fig. 11. Modelo atual (a) HCV contado Vs HCV previsto; (b) HCV contado Vs poli-insaturação

Validação:

HCV medido a partir dos dados do cientista anterior e HCV estimado utilizando o modelo atual.

Com um erro mínimo de 1,47% e um erro extremo de 12,39%, A Tabela 21 mostra como as medições de HCV feitas pelos investigadores anteriores e o HCV estimado usando o modelo atual estão mais próximos. Esta tabela reutiliza os dados da estimativa do HCV de 23 ésteres alcalinos de óleos vegetais efectuada por E. G. Giakoumis et al. [31].

Tabela 21. Estimativa do HCV a partir de dados de investigadores anteriores utilizando o modelo atual

N.º Sr.	Éster alcalino	% de saturação	% Monoinsaturação	% de poli-insaturação	HCV medido (MJ/Kg)	HCV Estimado (MJ/Kg)	Erro	Erro %
1	Resíduos	22.7	43.57	31.39	39.805	38.36	1.45	3.63
2	Flor do sol	10.23	20.83	67.9	40	42.08	2.08	5.2
3	Soja	15.78	23.63	60.1	40.02	41.53	1.51	3.79
4	Safflower	9.88	14.46	75.4	40.155	42.99	2.84	7.06
5	Sementes de borracha	19.31	24.35	55.66	40.35	41.03	0.68	1.69

6	Farelo de arroz	20.82	42.55	35.77	40.475	39.3	1.17	2.89
7	Colza	5.66	62.47	29.33	40.335	38.46	1.88	4.66
8	Amendoim	13.12	47.63	32.16	39.93	36.85	3.08	7.71
9	Palma	48.09	41.08	9.99	39.985	36.66	3.33	8.33
10	Azeitona	14.35	75.42	10.05	40.28	37.58	2.7	6.7
11	Neem	34.75	45.83	18.51	39.96	37.59	2.37	5.92
12	Mahua	44.87	39.01	14.97	40.18	37.01	3.17	7.88
13	Sementes de linhaça	8.44	19.14	70.66	40.41	42.08	1.67	4.12
14	Banha de porco	40.2	47.04	13.24	39.95	37.57	2.38	5.96
15	Karanja	18.78	53.56	23.43	40.275	37.08	3.19	7.92
16	Pinhão-manso	20.39	43.5	35.61	40.38	39.43	0.95	2.34
17	Avelã	10.03	79.47	10.82	39.8	37.92	1.88	4.74
18	Croton	10.78	10.9	82.65	40.28	45.27	4.99	12.39
19	Sementes de algodão	28.39	16.34	55.28	40.48	41.07	0.59	1.47
20	Milho	13.94	27.47	58.37	40.19	41.53	1.34	3.33
21	Gordura de frango	31.31	47.08	19.89	39.89	37.47	2.42	6.05
22	Canola	6.51	60.69	30.73	39.975	38.73	1.25	3.12
23	Sebo de bovino	46.03	44.31	6.63	40.04	35.61	4.43	11.07

A figura 12(a) mostra um gráfico entre o HCV estimado e a percentagem de poli-insaturação para a equação atual, mostrando que o HCV estimado cresce à medida que a % de poli-insaturação aumenta e tem 0,9553 como coeficiente estatístico mais forte. A Figura 12(b) mostra um gráfico que compara a % de poli-insaturação utilizada por cientistas anteriores e a estimativa de HCV obtida utilizando a equação atual. Ambos os gráficos mostram o mesmo tipo de relação com um coeficiente de correlação estatística de 0,92.

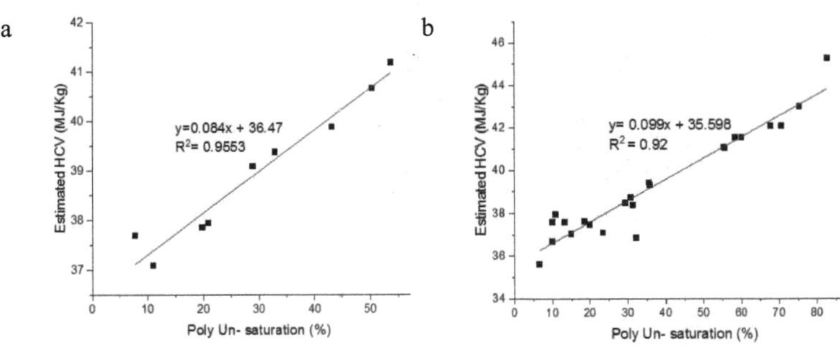

Fig. 12 (a) HCV previsto Vs poli-insaturação para o modelo atual; (b) HCV previsto Vs poli-insaturação para validação

1.15 Rendimento ótimo de biodiesel

Os resultados da experiência e da média, juntamente com os rácios sinal/ruído, são apresentados na Tabela 22 [67, 48].

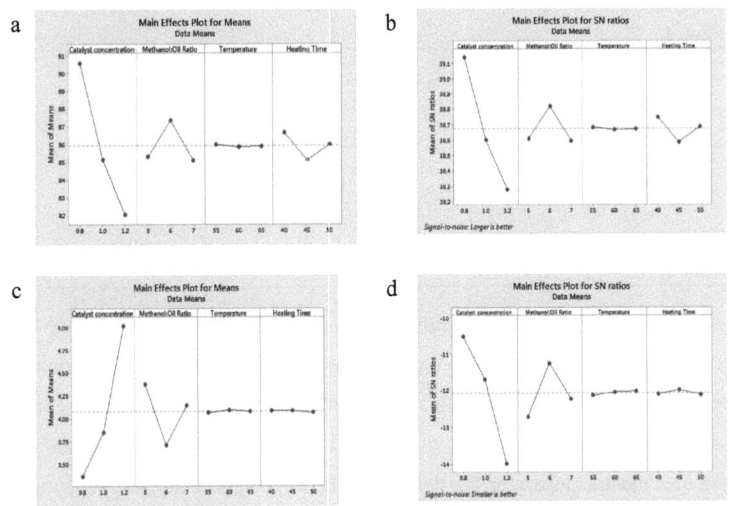

Fig. 13 a) Gráfico de efeito principal para as médias do rendimento em ésteres alcalinos b) Gráfico de efeito principal para a fração S/N do rendimento em ésteres alcalinos c) Gráfico de efeito principal para as médias da viscosidade d) Gráfico de efeito principal para a fração S/N da viscosidade

Tabela 22. Reiterações laterais por resultados dos ensaios, média, fracções S/N

Expt. Não.	Quantidade de catalisador	Metanol: Óleo	Temperatura	Tempo de aquecimento	Rendimento (%)	SNRA1	Média 1	Viscosidade cinemáti	SNRA2	Média 2
1	1	1	1	1	90.79	39.160	90.79	3.66	-11.27	3.66
2	1	2	2	2	91.15	39.195	91.15	3.02	-9.60	3.02
3	1	3	3	3	89.87	39.072	89.87	3.42	-10.68	3.42
4	2	1	2	3	84.54	38.541	84.54	4.15	-12.36	4.15
5	2	2	3	1	87.29	38.819	87.29	3.49	-10.86	3.49
6	2	3	1	2	83.61	38.445	83.61	3.91	-11.84	3.91
7	3	1	3	2	80.59	38.125	80.59	5.32	-14.52	5.32
8	3	2	1	3	83.62	38.446	83.62	4.62	-13.29	4.62
9	3	3	2	1	81.91	38.266	81.91	5.11	-14.17	5.11

1.15.1 Efeito das variáveis do processo e seleção de condições óptimas para o rendimento de ésteres alcalinos com viscosidade cinemática

Tabela 23. Tabela de retorta da fração S/N média para o rendimento do éster alcalino

Nível	Concentração do	Álcool: Óleo	Temperatura	Tempo de reação
1	39.14	38.61	38.68	38.75
2	38.60	38.82	38.67	38.59
3	38.28	38.59	38.67	38.69
Delta	0.86	0.23	0.02	0.16
Classifica	1	2	4	3

Tabela 24. Tabela de retorta de fração S/N média para Viscosidade

Nível	Concentração do	Álcool: Óleo	Temperatura	Tempo de reação
1	3.367	4.377	4.063	4.087
2	3.850	3.710	4.093	4.083
3	5.017	4.147	4.077	4.063
Delta	1.650	0.667	0.030	0.023
Classifica	1	2	3	4

As figuras 13(a) e 13(c) ilustram o gráfico dos impactos significativos da relação S-N, bem como as médias do rendimento e da viscosidade do éster alcalino. O rendimento do éster alquílico gerado diminui com o aumento da quantidade de catalisador, mas a viscosidade cinemática aumenta. O gráfico de rendimento vs. quantidade molar de metanol: óleo mostra que o aumento da quantidade de metanol de 5:1 para 6:1 aumenta a quantidade de éster alquílico gerado enquanto diminui a viscosidade. À medida que a concentração de álcool aumenta de 6:1 para 7:1, o teor de éster alquílico diminui e a viscosidade cinemática aumenta. Isto ilustra que o aumento da quantidade de álcool aumenta a produção de éster alquílico até um certo ponto antes de diminuir ainda mais [62]. A viscosidade cinemática diminui até um ponto específico antes de aumentar à medida que o teor de metanol aumenta. O gráfico rendimento vs. temperatura de aquecimento demonstra que quando a temperatura aumenta de 55^0 Celsius para 65^0 Celsius sem alterar a viscosidade cinemática, o rendimento permanece praticamente constante [64].

Embora a quantidade de éster alcalino produzida diminua à medida que o tempo de aquecimento aumenta de 40 para 45 minutos, a relação entre o rendimento e o tempo de aquecimento mostra que a viscosidade cinemática permanece inalterada [66]. No entanto, o rendimento de saída aumenta com tempos de aquecimento mais longos para uma dada quantidade de metanol, temperatura de aquecimento e quantidade de catalisador. A concentração do catalisador deve, portanto, ser de 0,8% em peso, a razão metanol/óleo deve ser de 6:1, a temperatura de aquecimento deve ser de 55^0 C e o tempo de aquecimento deve ser de 50 minutos, com o objetivo de obter um rendimento total. A razão molar metanol/óleo deve ser de 6:1, a concentração do catalisador deve ser de 0,8% em peso, a temperatura de aquecimento deve ser de 55^0 C, e o tempo de aquecimento deve ser de 40 minutos com o objetivo de obter a viscosidade mínima.

1.15.2 ANOVA para o rendimento do biodiesel

Os resultados da ANOVA obtidos para o rendimento do éster alquílico são apresentados na Tabela 25 e os da viscosidade cinemática são apresentados na Tabela 26, demonstrando que a concentração do catalisador é o principal parâmetro que contribui significativamente, seguido da quantidade de metanol, do tempo de aquecimento e da temperatura de aquecimento [48].

Tabela 25. ANOVA do rendimento do biodiesel

Base	DF	SS Seq	SS Adj	MS Adj	% de influência
Concentração do	2	1.14155	1.14155	0.570776	89.41
Metanol: Rácio de óleo	2	0.09557	0.09557	0.047785	07.48
Temperatura	2	0.00042	0.00042	0.000212	00.03
Tempo de aquecimento	2	0.03917	0.03917	0.019586	03.06
Erro residual	0	-	-	-	
Total	8	1.27672			

Tabela 26. ANOVA da viscosidade cinemática

Base	DF	SS Seq	SS Adj SS	EM Adj EM	% de influência
Concentração do	2	18.7732	18.7732	9.38661	84.66
Metanol: Rácio de óleo	2	3.3485	3.3485	1.67423	15.10
Temperatura	2	0.0228	0.0228	0.01139	0.102
Tempo de aquecimento	2	0.0279	0.0279	0.01394	0.125

Erro residual	0	-	-	-
Total	8	22.1723		

Onde, DF- Graus de liberdade; SS Seq- Somas sequenciais de quadrados; SS Adj - Somas ajustadas de quadrados; MS Adj - Quadrados médios ajustados.

1.15.3 Análise de regressão

Rendimento = 111,3 - 21,41 Concentração do catalisador - 0,088 Metanol: Razão óleo - 0,009 Temperatura- 0,065 Tempo de aquecimento (R^2 = 88,16 %)

$$\text{Eq. (4)}$$

Viscosidade cinemática = 0,67 + 4,125 Concentração do catalisador - 0,115 Metanol: Óleo + 0,0013 Temperatura - 0,0023 Tempo de aquecimento (R^2 = 83,16 %)

$$\text{Eq. (5)}$$

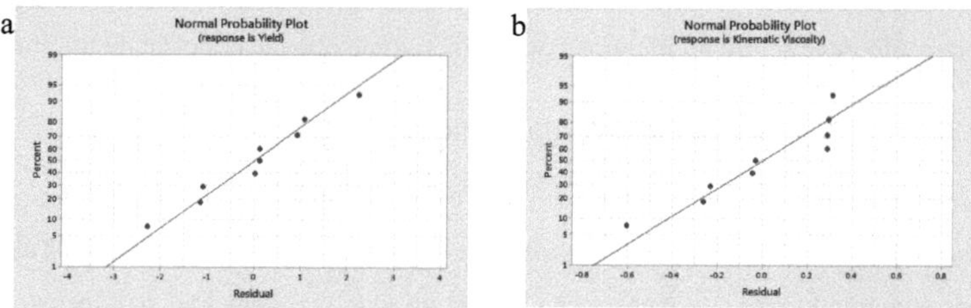

Fig. 14 (a) Modelo de rendimento-reversão (b) Modelo de viscosidade-reversão

Usando as equações acima, o rendimento previsto e a viscosidade prevista podem ser obtidos, o que indica uma concordância mais próxima com os valores contados, conforme indicado na Tabela 27.

Tabela 27. Comparação dos valores previstos e medidos da viscosidade cinemática e do rendimento

Concentração do catalisador	Metanol: Rácio de óleo	Temperatura	Tempo de aquecime	Rendimento medido	Rendimento previsto	Erro	% de erro	Medido Cinemática	Previsto Cinemáti	Erro	% de erro
1	1	1	1	90.79	90.63	0.15	0.168	3.66	3.3745	0.285	8.460
1	2	2	2	91.15	90.17	0.97	1.065	3.02	3.2545	0.234	7.205
1	3	3	3	89.87	89.72	0.14	0.165	3.42	3.1345	0.285	9.108
2	1	2	3	84.54	85.66	1.12	1.324	4.15	4.183	0.033	0.788
2	2	3	1	87.29	86.17	1.11	1.275	3.49	4.0975	0.607	14.82
2	3	1	2	83.61	85.85	2.24	2.683	3.91	3.958	0.048	1.212
3	1	3	2	80.59	81.65	1.06	1.325	5.32	5.026	0.294	5.849

| 3 | 2 | 1 | 3 | 83.62 | 81.33 | 2.28 | 2.732 | 4.62 | 4.8865 | 0.266 | 5.453 |
| 3 | 3 | 2 | 1 | 81.91 | 81.85 | 0.05 | 0.070 | 5.11 | 4.801 | 0.309 | 6.436 |

Os seguintes gráficos de superfície da fig. 16 (a a f) foram criados para analisar a relação entre o rendimento do éster alquílico e as quantidades de metanol: óleo, quantidade de catalisador, temperatura de aquecimento e duração do aquecimento. De acordo com isto, podem ser utilizados rácios de álcool: óleo de 6:1, concentrações de álcali de 0,8% w/w, temperaturas de aquecimento de 60^0 C e períodos de aquecimento de 45 minutos para produzir o maior rendimento. Na Fig. 17 (a a f), os efeitos de interface para a viscosidade revelam que o valor mais baixo pode ser atingido com concentrações de álcali de 0,8% w/w, proporções de álcool: óleo de 6:1, temperaturas de reação de 60^0 C e períodos de reação de 45 minutos.

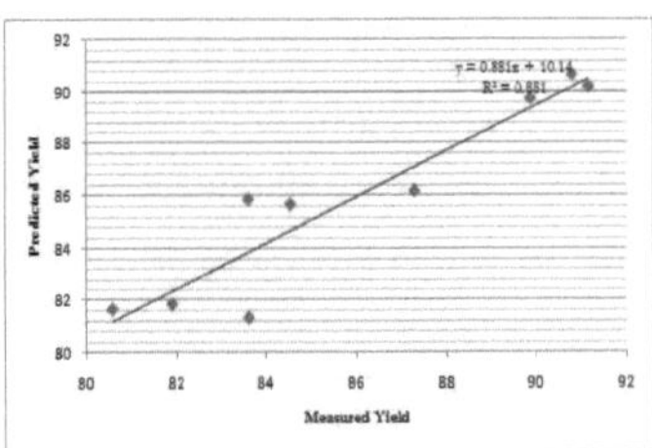
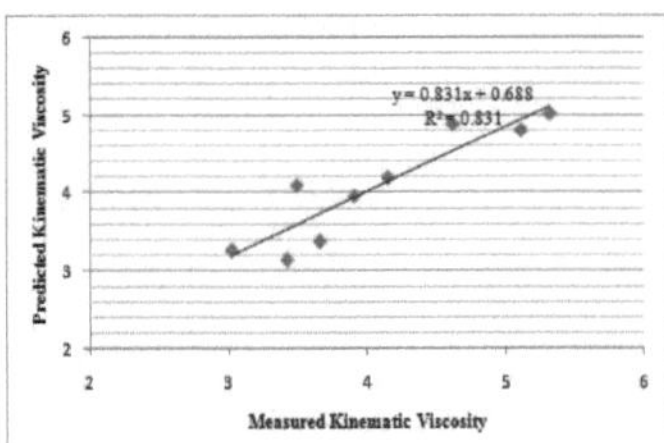

Fig. 15 (a) Rendimento contabilizado Vs Rendimento previsto (b) Viscosidade contabilizada Vs Viscosidade prevista

1.15.4 Influência das variáveis de reação no rendimento do éster alcalino e na viscosidade cinemática

1.15.4.1 Efeito da quantidade de catalisador alcalino

A quantidade de catalisador alcalino utilizada na reação de alcoólise, que converte triglicéridos em ésteres alquílicos, é uma consideração importante. Foi demonstrado que quando a quantidade de catalisador alcalino aumenta, a formação de ésteres alquílicos diminui e a viscosidade cinemática aumenta. Isto pode ser resultado do elevado teor de FFA ou de humidade do óleo utilizado para este fim. O catalisador alcalino adicional adicionado ao processo de síntese de biodiesel pode interagir com FFAs para formar sabão e água através de uma emulsificação [46, 66].

A humidade pode causar a hidrólise dos triglicéridos em di-glicéridos e a produção de mais AGL, o que pode levar a uma transesterificação reversível e a uma menor produção de ésteres alquílicos. Por conseguinte, durante a reação, deve ser utilizada a quantidade adequada de catalisador alcalino. O óleo de sementes de berbigão responde melhor a concentrações de NaOH do catalisador de 0,8% em peso.

1.15.4.2 Metanol: Efeito da quantidade de óleo

O álcali catalisa uma única reação de transesterificação que é utilizada para criar biodiesel. Uma vez que é reversível, uma reação iniciada com um metanol em quantidade teórica não pode ser concluída. Para prosseguir a reação e criar o volume necessário de biodiesel, é, portanto, necessário álcool adicional. O processo pode ser mudado para o lado do produto através da adição de metanol adicional.

Descobriu-se que a quantidade de metanol utilizada no processo tem um impacto significativo no rendimento. A quantidade de álcool para óleo utilizada no estudo variou de 5:1 a 7:1, enquanto outras variáveis permaneceram constantes. Verificou-se que o rendimento do éster alquílico aumenta quando a quantidade de metanol varia entre 5:1 e 6:1, porque há mais moléculas de metanol acessíveis durante a reação, aumentando a interface entre as moléculas de álcool e de óleo. A proporção de metanol para óleo que produz o maior rendimento de éster alquílico a partir do óleo de sementes de carqueja é 6:1. No entanto, verificou-se que o rendimento do éster alquílico diminui à medida que a quantidade de metanol é aumentada. Devido ao aumento da polaridade do reagente quando são utilizadas quantidades extra de álcool metílico para além da quantidade permitida, pode ocorrer a reação oposta através da dissolução da glicerina no éster alcalino [44, 62]. A razão ideal entre a massa molar do álcool e do óleo é de 6:1.

a 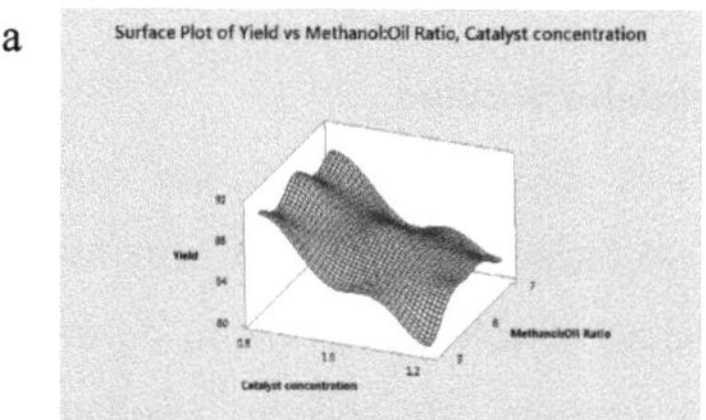

b 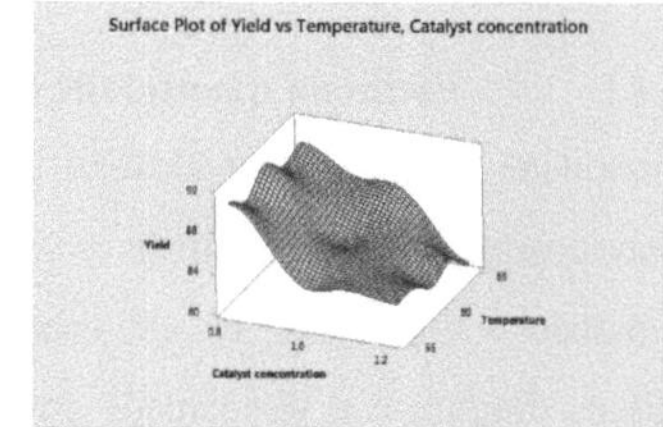

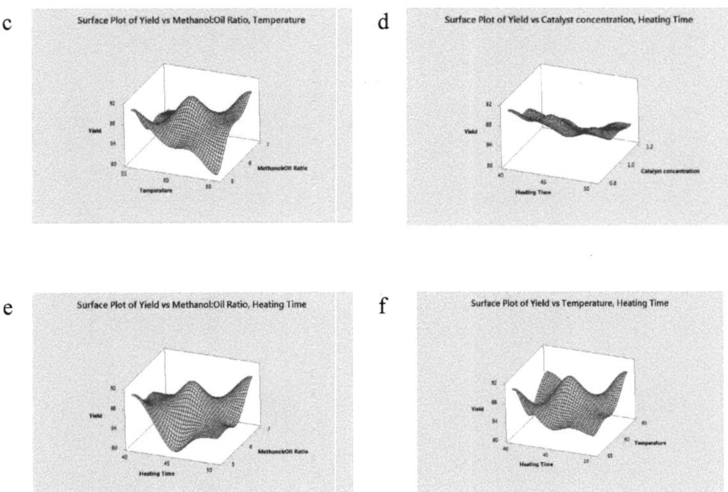

Fig. 16 Gráficos de superfície para o rendimento do éster alcalino Vs Variáveis de reação

1.15.4.3 Efeito da temperatura de reação

Outro fator crucial no fabrico de biodiesel é a temperatura de aquecimento. Mantendo os outros parâmetros do processo constantes, foram investigados os efeitos do aquecimento a temperaturas entre 55°C e 65°C. Descobriu-se que a quantidade de ésteres alquílicos gerados quase se manteve constante quando a temperatura variou entre 55^0 C e 65^0 C. Se a temperatura aumentou para além de 65^0 C, no entanto, o rendimento do éster alquílico diminuiu porque não havia metanol suficiente disponível para o processo. Isto resultou na presença de metanol insuficiente durante o processo, o que reduziu o rendimento do éster alquílico.

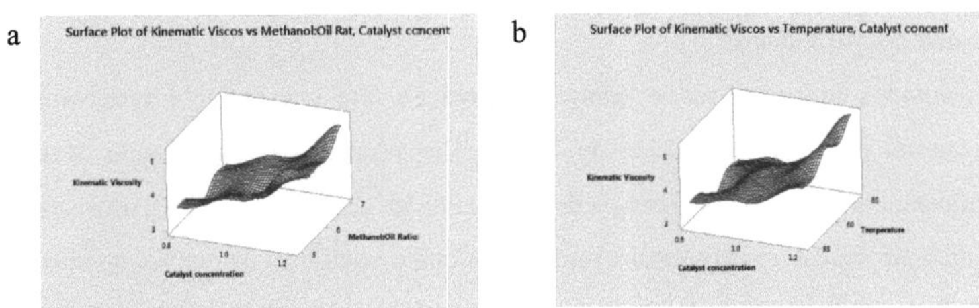

63

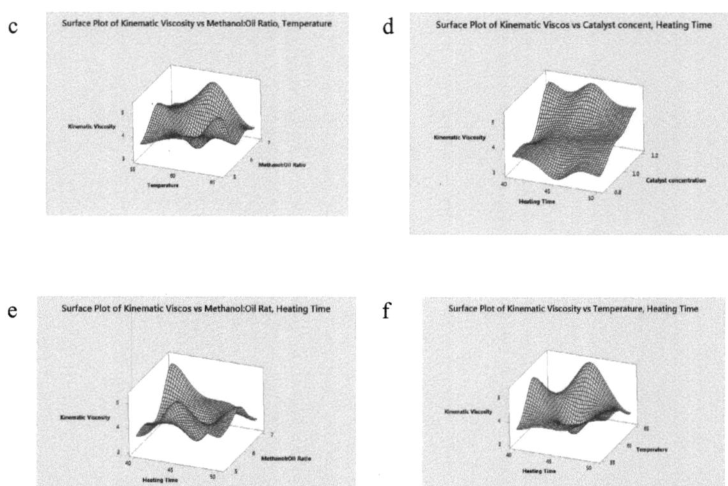

Fig. 17 Gráficos de superfície para Viscosidade Cinemática Vs Variáveis de Reação

Para diminuir a vaporização do metanol, a temperatura de aquecimento deve ser tipicamente inferior ao ponto de ebulição do metanol. Temperaturas acima do limite recomendado podem causar o processo de saponificação [52, 62, 64]. A temperatura ideal de reação necessária para produzir o maior rendimento de ésteres alquílicos é 55^0 C.

1.15.4.4 Efeito do tempo de reação

Com as outras variáveis do processo constantes, o efeito da duração do aquecimento no intervalo de 40 a 50 minutos foi escolhido para análise. O rendimento aumenta quando o período de aquecimento excede os 45 minutos, mas diminui à medida que se aproxima dos 40 minutos.

Os resultados mostram que a duração da reação tem um impacto relativamente pequeno no processo de fabrico de biodiesel, mas a duração da reação deve ser cuidadosamente escolhida e mantida dentro de limites aceitáveis [54, 62], uma vez que uma duração excessiva do aquecimento pode afetar o equilíbrio da reação, conduzindo a reacções opostas e, consequentemente, a um menor rendimento. Consequentemente, a duração óptima da reação neste caso é determinada como sendo de 40 minutos para um rendimento máximo de biodiesel.

4.3 Determinação dos parâmetros óptimos de funcionamento do motor

utilizando biodiesel de óleo de sementes de berbigão misturado com gasóleo

4.3.1 CB20 (Combustível 1)

Tabela 28. Resultados da experimentação para CB20

Expt. Não.	BTE (%)	BSFC (Kg/KWh)	CO (%)	CO_2 (%)	HC (ppm)	NOx (ppm)	Fumo (%)
1	24.18	0.33	0.11	3.7	16	336	9.9
2	21.44	0.38	0.21	4	27	196	17.3
3	18.01	0.45	3.91	4.5	233	171	39.5
4	14.11	0.57	1.1	4.1	121	103	22.1
5	21.12	0.38	0.26	4.2	30	183	19.4
6	23.74	0.34	0.33	4.7	27	138	21.4
7	22.94	0.35	0.17	4	22	331	5.3
8	18.75	0.43	1.9	3.4	84	47	2.2
9	23.01	0.35	1.1	4	17	520	2.5

Tabela 29: Rácio SN para respostas de CB20

S/N 1	27.7	26.6	25.1	22.9	26.5	27.5	27.2	25.5	27.2
S/N 2	9.56	8.51	7	4.88	8.38	9.4	9.11	7.35	9.13
S/N 3	19.2	13.6	-11.8	-0.8	11.7	9.6	15.4	-5.6	-0.8
S/N 4	11.36	12.04	13.05	12.26	12.46	13.44	12.04	10.63	12.04
S/N 5	-24.08	-28.63	-47.35	-41.66	-29.54	-28.63	-26.85	-38.49	-24.61
S/N 6	-50.53	-45.85	-44.66	-40.26	-45.25	-42.8	-50.4	-33.44	-54.32
S/N 7	-19.91	-24.76	-31.93	-26.89	-25.76	-26.61	-14.49	-6.85	-7.96
COF 50:50:50	2.91	1.42	-4.24	-2.77	1.08	1.73	2.65	0.83	1.52

As primeiras experiências foram efectuadas com o combustível CB20. Os resultados da experimentação são os indicados na Tabela 28 e os rácios S/N necessários das respostas são os indicados na Tabela 29. Para as respostas de saída, as principais variáveis contribuintes são determinadas utilizando rácios S/N e ANOVA, de acordo com os Quadros 29 e 32. O vértice de cada parcela de resposta foi usado para escolher as melhores combinações de parâmetros, que estão listadas na Tabela 30. O quadro 31 mostra o efeito que cada fator teve nas respostas.

Tabela 30. Variáveis de funcionamento Valores óptimos do combustível CB20

Respostas	CR	IP	TI	RGE	% R^2	Fator não significativo
Fumo	18	210	19	5	85.46	TI
NOx	17	210	19	15	91.28	TI
HC	18	180	19	5	91.42	IP
CO_2	17	240	25	10	89.44	RGE
CO	16	180	19	10	93.07	TI
BSFC	18	240	19	5	94.89	IP
BTE	18	240	19	5	96.88	IP

| 50:50:00 | 18 | 210 | 19 | 10 | 92.22 | IP |

Tabela 31. Contribuição percentual das variáveis operacionais para as respostas

Respostas	CR	IP	TI	RGE
Fumo	58.02	12.36	14.53	15.06
NOx	22.22	18.55	8.72	50.49
HC	9.44	8.58	10.69	71.26
CO_2	35.55	42.22	11.66	10.55
GO	8.75	22.83	6.92	61.48
BSFC	10.8	5.1	13.87	70.21
BTE	7.13	3.12	12.7	77.04
50:50:00	11.43	7.78	15.07	65.7

Tabela 32. Modelo ANOVA para o combustível CB20

Base	SS Adj	Valor-F	Valor-P	Base	SS Adj	Valor-F	Valor-P
BTE (%)				BSFC (Kg/KWh)			
CR	6.188	2.29	0.304	CR	0.004979	2.11	0.321
TI	11.028	4.07	0.197	TI	0.006396	2.72	0.269
RGE	66.861	24.69	0.039	RGE	0.032360	13.74	0.068
Erro	2.708			Erro	0.002354		
Total	86.785			Total	0.046090		

Base	SS Adj	Valor-F	Valor-P	Base	SS Adj	Valor-F	Valor-P
CO (%)				CO_2 (%)			
CR	1.0851	1.26	0.442	CR	0.4267	3.37	0.229
IP	2.8314	3.30	0.233	IP	0.5067	4.00	0.200
RGE	7.6235	8.88	0.101	TI	0.1400	1.11	0.475
Erro	0.8589			Erro	0.1267		
Total	12.3988			Total	1.2000		

Base	SS Adj	Valor-F	Valor-P	Base	SS Adj	Valor-F	Valor-P
HC (ppm)				NOx (ppm)			
CR	4004	1.10	0.476	CR	37838	2.55	0.282
TI	4534	1.25	0.445	IP	31581	2.13	0.320
RGE	30204	8.30	0.108	RGE	85971	5.79	0.147
Erro	3638			Erro	14851		
Total	42381			Total	170240		

Base	SS Adj	Valor-F	Valor-P	Base	SS Adj	Valor-F	Valor-P

	Fumo (%)			50:50 Ponderação			
CR	669.7	3.99	0.200	CR	5.424	1.47	0.405
IP	142.7	0.85	0.540	TI	7.149	1.94	0.340
RGE	173.9	1.04	0.491	RGE	31.156	8.44	0.106
Erro	167.8			Erro	3.691		
Total	1154.1			Total	47.431		

As equações de regressão apresentadas no Quadro 33 podem ser utilizadas para obter os valores das respostas.

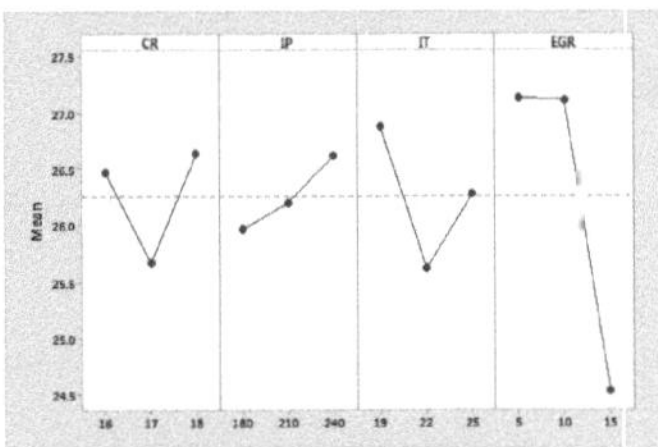

(a) Gráficos de resposta para as médias de BTE (%)

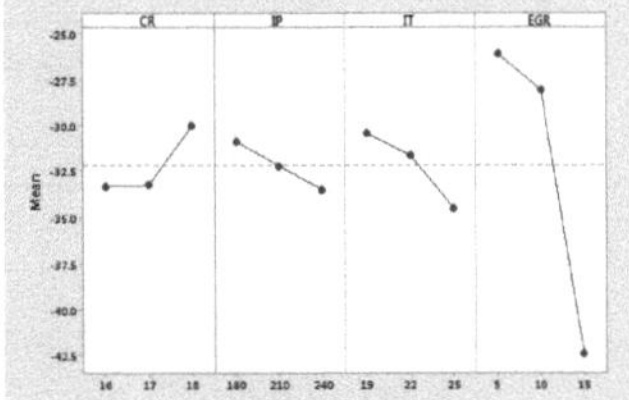

(e) Gráficos de resposta para médias de HC (ppm)

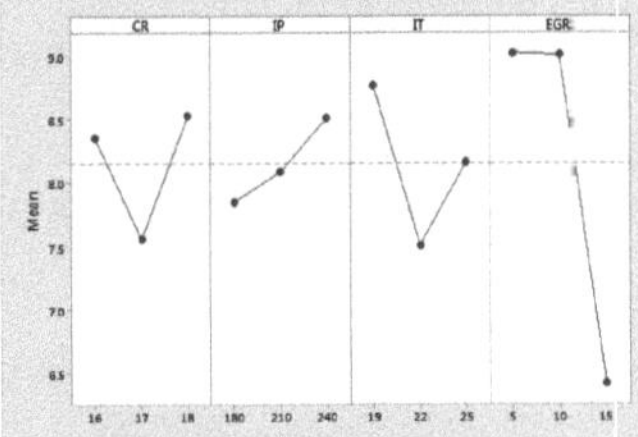

(b) Gráficos de resposta para as médias de BSFC (Kg/KWh)

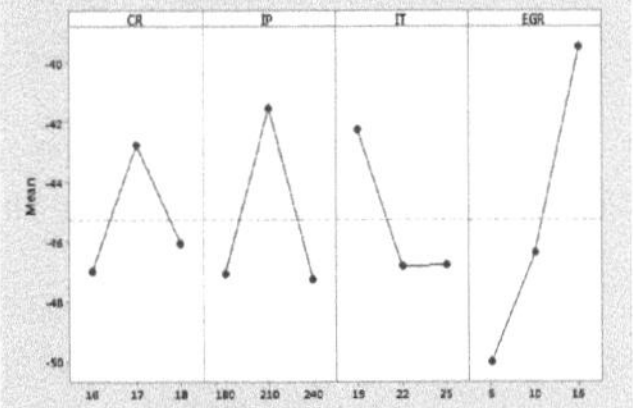

(f) Gráficos de resposta para médias de NOx (ppm)

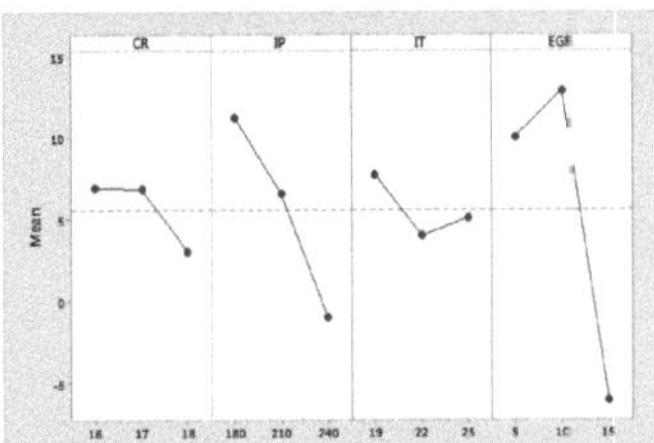

(c) Gráficos de resposta para as médias de CO (%)

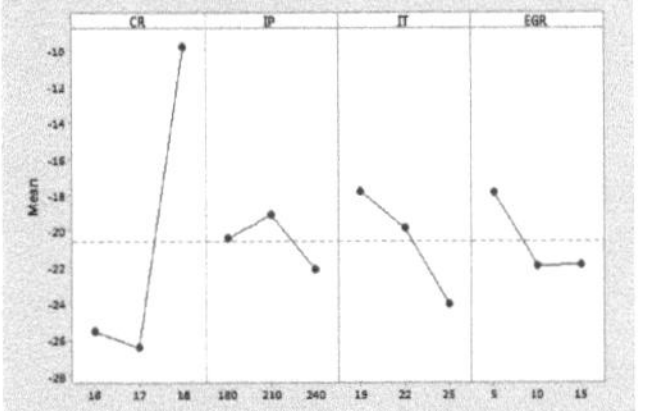

(g) Gráficos de resposta para as médias de Smoke (%)

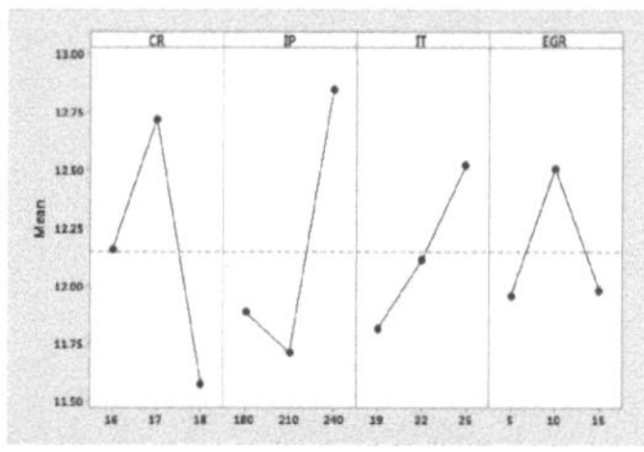 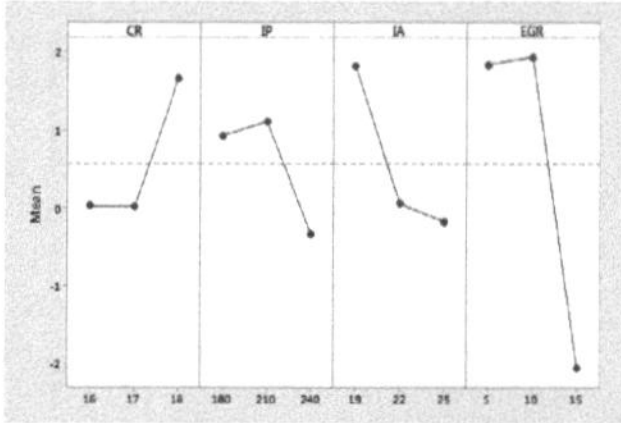

(d) Gráficos de resposta para as médias de CO₂ (%)

(h) Gráficos de resposta para médias de 50:50 Ponderação

Fig. 18 Diagrama de resposta para as médias das respostas ao resultado do combustível CB20

Tabela 33. Modelo de regressão do combustível CB20

Respostas	Equação de regressão	R^2
Fumo (%)	15,51 + 6,72 (16) CR - 12,18 (18) CR + 5,46 (17) CR - 3,08 (180) IP + 5,62 (240) IP - 2,54 (210) IP - 4,91 (5) EGR + 5,76 (15) EGR - 0,84 (10) EGR	0.854
NOx (ppm)	225,0 + 9,3 (16) CR + 74,3 (18) CR - 83,7 (17) CR+ 31,7 (180) IP + 51,3 (240) IP - 83,0 (210) IP + 121,3 (5) EGR - 118,0 (15) EGR- 3,3 (10) EGR	0.912
HC (ppm)	64,1 + 27,9 (16) CR- 23,1 (18) CR - 4,8 (17) CR - 21,8 (19) IT + 30,9 (25) IT- 9,1 (22) IT- 43,1 (5) EGR+ 81,9 (15) EGR- 38,8 (10) EGR	0.914
CO₂ (%)	4,0667 + 0,000 (16) CR- 0,267 (18) CR+ 0,267 (17) CR - 0,133 (180) IP + 0,333 (240) IP - 0,200 (210) IP- 0,133 (19) IT + 0,167 (25) IT- 0,033 (22) IT	0.879
CO (%)	1,010 + 0,400 (16) CR+ 0,047 (18) CR- 0,447 (17) CR - 0,550 (180) IP + 0,770 (240) IP- 0,220 (210) IP - 0,520 (5) EGR + 1,293 (15) EGR- 0,773 (10) EGR	0.903
BSFC (Kg/KWh)	0,3970 - 0,0122 (16) CR- 0,0207 (18) CR+ 0,0329 (17) CR- 0,0303 (19) IT - 0,0043 (25) IT+ 0,0346 (22) IT - 0,0426 (5) EGR + 0,0848 (15) EGR - 0,0422 (10) EGR	0.948
BTE (%)	20,811 + 0,399 (16) CR+ 0,756 (18) CR - 1,154 (17) CR+ 1,412 (19) IT- 0,121 (25) IT- 1,291 (22) IT+ 1,959 (5) EGR- 3,854 (15) EGR+ 1,896 (10) EGR	0.975
50:50 Ponderação	0,571 - 0,542 (16) CR + 1,098 (18) CR- 0,556 (17) CR+ 1,253 (19) IT- 0,742 (25) IT- 0,512 (22) IT+ 1,268 (5) EGR- 2,631 (15) EGR+ 1,364 (10) EGR	0.921

4.3.2 Gasóleo (B00)-Combustível 2

Após os ensaios com o combustível CB20, foram efectuados outros ensaios com o combustível diesel. Para nove experiências utilizando o desenho de Taguchi, foram registadas várias leituras na Tabela 34, juntamente com as relações S-N para as respostas, que são as da Tabela 35.

Quadro 34. Resultados experimentais

Expt. Não.	1	2	3	4	5	6	7	8	9
BTE (%)	22.72	23.62	18.94	19.35	22.46	22.34	23.64	16.25	22.74
BSFC (Kg/KWh)	0.345	0.332	0.414	0.405	0.349	0.351	0.332	0.483	0.345
CO (%)	0.14	0.12	1.09	1.57	0.14	0.29	0.2	2.9	0.13
CO2 (%)	5	3.7	4.5	4.8	3.9	4	4.7	3.7	3.9
HC (ppm)	25	19	58	94	19	24	23	143	18
NOx (ppm)	608	268	58	75	517	143	365	58	456
Fumo (%)	4.4	13.5	6.3	4.2	2.2	9.6	1.4	6.4	1.4

Tabela 35. Variáveis de resposta do gasóleo S: Rácio N

S: N 1	S: N 2	S: N 3	S: N 4	S: N 5	S: N 6	S: N 7	COF
27.1	9.23	17.1	13.9	-27.9	-55.7	-12.9	2.55
27.5	9.57	18.4	11.4	-25.6	-48.6	-22.6	2.56
25.6	7.65	-0.75	13.1	-35.3	-35.3	-15.9	0.88
25.7	7.84	-3.9	13.6	-39.5	-37.5	-12.5	0.42
27.0	9.13	17.1	11.8	-25.6	-54.3	-6.85	3.26
26.9	9.09	10.8	12.0	-27.6	-43.1	-19.7	2.26
27.5	9.58	13.9	13.4	-27.2	-51.3	-2.92	3.86
24.2	6.32	-9.3	11.4	-43.1	-35.3	-16.1	-1.60
27.1	9.24	17.7	11.8	-25.1	-53.2	-2.92	3.93

Tabela 36. Respostas do gasóleo nas melhores condições

Respostas	CR	IP	TI	RGE	% R-sq	Fator não significativo
Fumo	18	180	25	5	83.16	TI
NOx	17	240	19	15	98.86	TI
HC	16	240	25	5	92.96	IP
CO 2	16	180	25	15	96.95	RGE
CO	16	240	22	5	93.37	IP
BSFC	16	180	22	10	95.87	CR
BTE	16	180	22	10	97.74	CR
50:50:00	18	240	25	5	99.96	CR

Os rácios S-N, de acordo com o quadro 35, e a ANOVA, de acordo com o quadro 38, são utilizados para identificar os factores-chave que influenciam as respostas de produção. As melhores combinações de variáveis são escolhidas utilizando o ponto de pico em cada gráfico de resposta, conforme a Tabela 36. A impressão de cada variável nas respostas é fornecida na Tabela 37.

Tabela 37. Influência percentual de cada variável nas respostas

Respostas	CR	IP	TI	RGE
BTE	02.25	03.64	07.17	86.92
BSFC	04.13	05.52	08.82	81.50
CO	08.16	06.63	09.01	76.19
CO_2	06.63	86.28	04.02	03.04
NOx	01.94	07.05	01.14	89.85
HC	07.26	07.03	09.39	76.30
Fumo	29.00	19.08	16.84	35.06
50:50	0.043	6.35	16.11	77.49

As equações de regressão podem ser utilizadas para obter os valores dos parâmetros de resposta, tal como indicado no Quadro 39.

Tabela 38. Modelo ANOVA para o gasóleo (B00)

Base	SS Adj	Valor-F	Valor-P	Base	SS Adj	Valor-F	Valor-P
	BTE (%)				BSFC (Kg/KWh)		
IP	1.904	1.62	0.382	IP	0.001149	1.34	0.428
TI	3.747	3.18	0.239	TI	0.001835	2.14	0.319
RGE	45.406	38.52	0.025	RGE	0.016941	19.73	0.048
Erro	1.179			Erro	0.000859		
Total	52.235			Total	0.020785		
Base	SS Adj	Valor-F	Valor-P	Base	SS Adj	Valor-F	Valor-P
	CO (%)				CO_2 (%)		
CR	0.6078	1.23	0.448	CR	0.13556	2.18	0.315
TI	0.6714	1.36	0.424	IP	1.76222	28.32	0.034
RGE	5.6739	11.49	0.080	TI	0.08222	1.32	0.431
Erro	0.4939			Erro	0.06222		
Total	7.4469			Total	2.04222		
Base	SS Adj	Valor-F	Valor-P	Base	SS Adj	Valor-F	Valor-P
	HC (ppm)				NOx (ppm)		
CR	1129	1.03	0.492	CR	7040	1.71	0.370
TI	1461	1.34	0.428	IP	25500	6.18	0.139
RGE	11861	10.84	0.084	RGE	324706	78.68	0.013
Erro	1094			Erro	4127		
Total	15544			Total	361373		
Base	*SS Adj*	*Valor-F*	*Valor-P*	*Base*	*SS Adj*	*Valor-F*	*Valor-P*
	Fumo (%)				*50:50 Ponderação*		
CR	37.61	1.72	0.367	IP	1.6641	145.84	0.007
IP	24.75	1.13	0.469	TI	4.2218	370.00	0.003
RGE	45.47	2.08	0.324	RGE	20.3018	1779.27	0.001
Erro	21.84			Erro	0.0114		
Total	129.67			Total	26.1990		

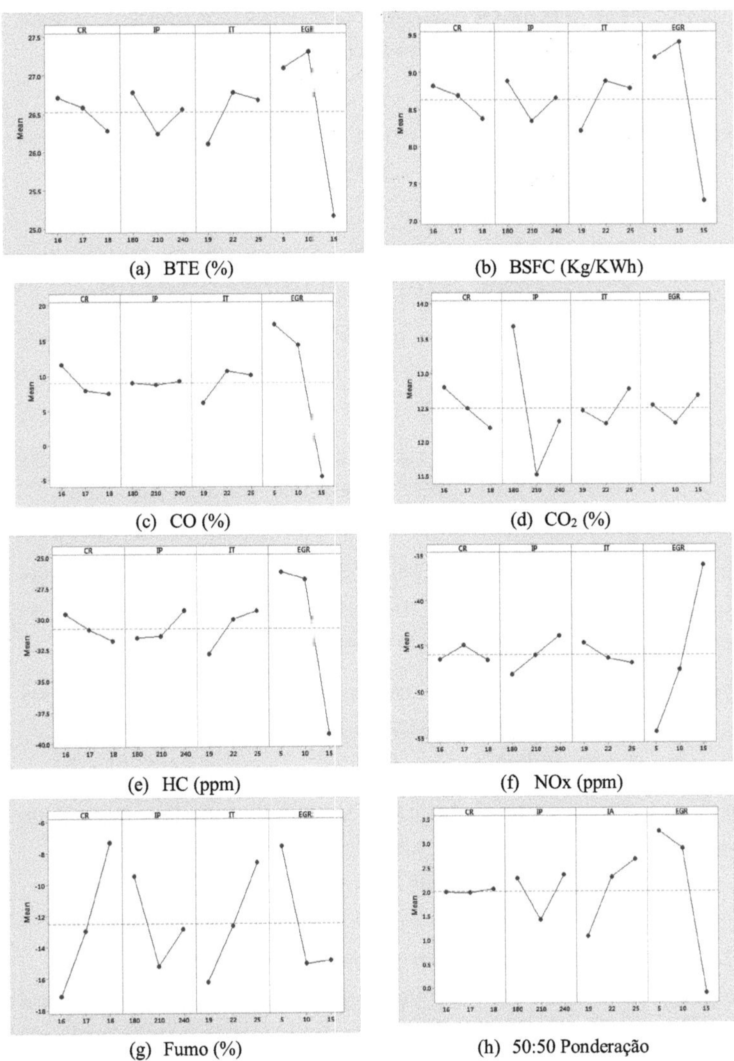

(a) BTE (%) (b) BSFC (Kg/KWh)

(c) CO (%) (d) CO_2 (%)

(e) HC (ppm) (f) NOx (ppm)

(g) Fumo (%) (h) 50:50 Ponderação

Fig. 19 Diagramas de resposta para as médias das respostas dos resultados do gasóleo

Tabela 39. Modelo de regressão do gasóleo

Respostas	Equação de regressão	R^2

71

Fumo (%)	$5{,}49 + 2{,}58\,(16)\,CR - 2{,}42\,(18)\,CR - 0{,}16\,(17)\,CR - 2{,}16\,(180)\,IP + 0{,}28\,(240)\,IP + 1{,}88\,(210)\,IP - 2{,}82\,(5)\,EGR + 0{,}14\,(15)\,EGR + 2{,}68\,(10)\,EGR$	0.831
NOx (ppm)	$283{,}1 + 28{,}2\,(16)\,CR + 9{,}9\,(18)\,CR - 38{,}1\,(17)\,CR + 66{,}2\,(180)\,IP - 64{,}1\,(240)\,IP - 2{,}1\,(210)\,IP + 243{,}9\,(5)\,EGR - 219{,}4\,(15)\,EGR - 24{,}4\,(10)\,EGR$	0.988
HC (ppm)	$47{,}00 - 13{,}0\,(16)\,CR + 14{,}3\,(18)\,CR - 1{,}3\,(17)\,CR + 17{,}0\,(19)\,IT - 13{,}7\,(25)\,IT - 3{,}3\,(22)\,IT - 26{,}3\,(5)\,EGR + 51{,}3\,(15)\,EGR - 25{,}0\,(10)\,EGR$	0.929
CO_2 (%)	$4{,}2444 + 0{,}1556\,(16)\,CR - 0{,}1444\,(18)\,CR - 0{,}0111\,(17)\,CR + 0{,}5889\,(180)\,IP - 0{,}1111\,(240)\,IP - 0{,}4778\,(210)\,IP - 0{,}0111\,(19)\,IT + 0{,}1222\,(25)\,IT - 0{,}1111\,(22)\,IT$	0.969
CO (%)	$0{,}731 - 0{,}281\,(16)\,CR + 0{,}346\,(18)\,CR - 0{,}064\,(17)\,CR + 0{,}379\,(19)\,IT - 0{,}254\,(25)\,IT - 0{,}124\,(22)\,IT - 0{,}594\,(5)\,EGR + 1{,}122\,(15)\,EGR - 0{,}528\,(10)\,EGR$	0.933
BSFC (Kg/KWh)	$0{,}37319 - 0{,}01219\,(180)\,IP - 0{,}00286\,(240)\,IP + 0{,}01504\,(210)\,IP + 0{,}02004\,(19)\,IT - 0{,}00789\,(25)\,IT - 0{,}01216\,(22)\,IT - 0{,}02652\,(5)\,EGR + 0{,}06118\,(15)\,EGR - 0{,}03466\,(10)\,EGR$	0.938
BTE (%)	$21{,}340 + 0{,}563\,(180)\,IP - 0{,}000\,(240)\,IP - 0{,}563\,(210)\,IP - 0{,}903\,(19)\,IT + 0{,}340\,(25)\,IT + 0{,}563\,(22)\,IT + 1{,}300\,(5)\,EGR - 3{,}160\,(15)\,EGR + 1{,}860\,(10)\,EGR$	0.945
50:50 Ponderação	$2{,}0129 + 0{,}2639\,(180)\,IP + 0{,}3425\,(240)\,IP - 0{,}6064\,(210)\,IP - 0{,}9454\,(19)\,IT + 0{,}6550\,(25)\,IT + 0{,}2905\,(22)\,IT + 1{,}2316\,(5)\,EGR - 2{,}1145\,(15)\,EGR + 0{,}8829\,(10)\,EGR$	0.9985

4.3.2.1 Avaliação da influência de diversas variáveis de entrada

Se o CB20 for ensaiado no motor VCR, verifica-se que a EGR é uma variável importante que contribui para todas as respostas, exceto para o fumo e o CO_2 . Para se obter uma combustão completa, o CR e o IP são considerados mais importantes.

Com o gasóleo como combustível, também se observou que a EGR é a principal variável de influência, uma vez que o valor-P é menor e próximo de zero e o valor F-é maior, o que afecta todas as respostas, exceto as emissões de CO_2 . O IP é muito importante durante a combustão completa. O CR é importante para diminuir o fumo.

4.3.2.2 Escolha das variáveis de entrada para obter o melhor desempenho e as emissões mais baixas

a) BTE

Mostra a utilização efectiva da energia fornecida pelo para gerar energia de saída. A partir da Fig. 19(a) e 20, com o gasóleo como combustível, para ter um BTE maior, CR-16, IP-180 bar, IT- 22^0 bTDC enquanto EGR-10 % pode ser selecionado de modo a que a quantidade de combustível a fornecer diminua. A EGR é considerada a principal variável de influência, uma vez que o valor-F é maior e o valor-P é menor para ambos os combustíveis. O IT é a segunda variável que influencia, em comparação com as outras. O CR é a terceira variável que contribui para o CB20, enquanto o IP é a terceira variável que contribui para o gasóleo. Verifica-se que o BTE aumenta com o aumento do CR para a mistura de biodiesel. Para o CB20, deve recomendar-se um RC mais elevado do que para o gasóleo, uma vez que, à medida que o RC aumenta, a temperatura do ar e a pressão aumentam, o que permite uma melhor combustão. Deve ser utilizado IP -240 bar, que fornece uma carga mais densa. Deve preferir-se o IT-19 retardado^0 bTDC. Recomenda-se a utilização de EGR-5%. Se a EGR for aumentada para o CB20, o BTE reduzir-se-á. Uma vez que o gasóleo contém menos oxigénio do que o biodiesel, existe a possibilidade de excesso de CO na saída em comparação com o éster alcalino, que tem de ser reciclado para a queima total para gerar CO_2 , pelo que 10% de EGR é adequado para o gasóleo e 5% para o éster alcalino. Obtém-se um BTE menor com o CB20 devido ao valor de aquecimento comparativamente menor do CB20 do que o do gasóleo, que necessita de combustível em excesso para gerar a mesma potência de saída [86].

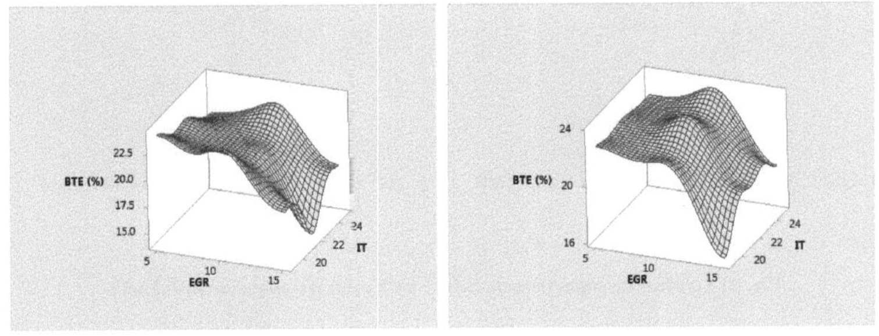

(a) BTE (%) Vs IT, EGR para o combustível CB20

(b) BTE (%) Vs IT, EGR para combustível diesel

Fig. 20 Gráfico de superfície de BTE (%) Vs Variáveis-chave de influência

b) BSFC

Sugere uma utilização eficiente da energia do combustível. A regra aconselhada é que quanto mais pequeno, melhor. O funcionamento do motor nas mesmas circunstâncias que produziriam o BTE mais elevado de uma mistura de gasóleo e biodiesel é necessário para atingir o BSFC mínimo exigido. As condições ideais para o gasóleo são CR-16, IP-180 bar, IT-22^0 bTDC e EGR-10%. Para o biodiesel, conforme ilustrado na Fig. 19(b), é preferível ter um CR-18 mais elevado, mais IP-240 bar, um IT-19^0 bTDC atrasado e menos EGR-5%. Uma vez que o BSFC é calculado com base na massa e que o éster alcalino tem uma densidade mais elevada do que o gasóleo, pode ser injectada massa adicional com o mesmo volume e pressão. Além disso, como o biodiesel tem um poder calorífico inferior ao do gasóleo, é necessário fornecer combustível adicional para gerar a mesma quantidade de potência de saída. Estes factores explicam por que razão o BSFC do gasóleo é inferior ao do biodiesel [88].

De acordo com a Fig. 21 de superfície, para o gasóleo, a BSFC é mais baixa com EGR 10% e IT 22^0 bTDC, enquanto a BSFC para o CB20 é mais baixa com EGR 5% e IT 19^0 bTDC. Uma vez que o gasóleo tem uma BSFC mais baixa do que o biodiesel devido à recirculação em grande escala dos gases de escape, é necessário fornecer menos combustível à câmara de combustão.

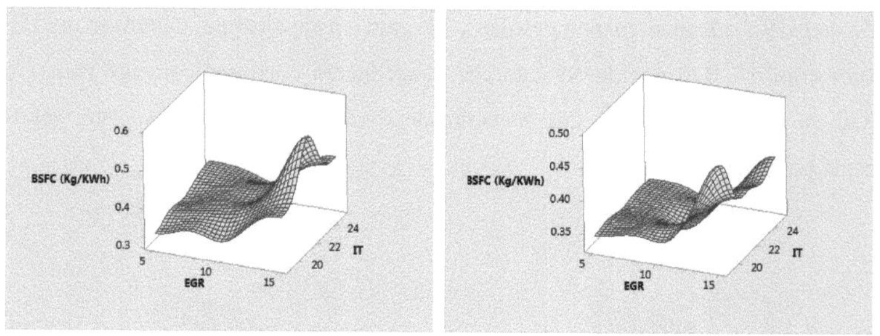

<table>
<tr><td>a) BSFC Vs IT, EGR para combustível CB20</td><td>(b) BSFC Vs IT, EGR para combustível diesel</td></tr>
</table>

Fig. 21 Gráfico de superfície de BSFC Vs Variáveis-chave de influência

c) Emissões de CO

É um sinal de uma combustão incompleta num motor. Qualquer motor deve ter menos emissões de CO, pelo que a recomendação é que sejam tão reduzidas quanto possível. A EGR é a principal variável que contribui para as emissões de CO para ambos os combustíveis, uma vez que o seu valor F é mais elevado e o seu valor P é mais baixo do que o de outras variáveis. Da Fig. 19(c) e da tabela 38, é possível inferir as seguintes conclusões: para o gasóleo, é aconselhável utilizar EGR-5%, seguido de IT, que deve ser 22^0 bTDC, seguido de CR-16 e IP-240bar.

Como se vê na Fig. 22, é aconselhável empregar EGR-10% quando o CB20 é o combustível, seguido de IP-180 bar, CR-16 e IT-19^0 bTDC. Para o CB20, aconselha-se uma EGR maior do que para o gasóleo, porque o aumento da EGR tende a diluir a carga fresca devido a uma redução da quantidade de O_2 no espaço de combustão, o que pode levar à geração de emissões significativas de CO. A EGR-10% é aconselhada para o biodiesel, enquanto a EGR-5% é aconselhada para o gasóleo, uma vez que o biodiesel contém mais oxigénio do que o gasóleo.

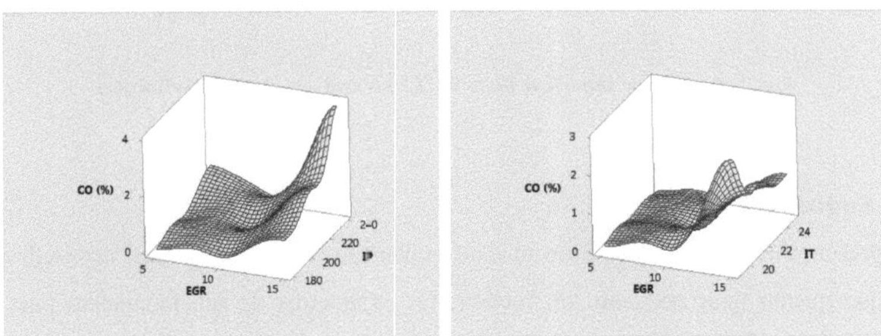

CO (%) Vs IP, EGR para o combustível CB20   (b) CO (%) Vs IT, EGR para combustível diesel

Fig. 22 Gráfico de superfície de % CO Vs Variáveis-chave de influência

d) Emissões de CO $_2$

A combustão é considerada completa quando o carbono do combustível é transformado em CO_2. Um bom sinal é a presença de CO_2 nos produtos da combustão. O critério sugerido é que é preferível uma maior quantidade. Quando se utiliza combustível diesel, o IP é um fator que influencia significativamente as emissões elevadas de CO_2; recomenda-se que seja 180 bar, depois CR-16, depois IT-25^0 bTDC e, finalmente, EGR-15%. Quando se utiliza combustível CB20, o principal fator de influência é o IP, que deve ser de 240 bar, seguido do CR-17, do IT-25^0 bTDC e de 10% de EGR, como se mostra na Fig. 19(d) e nas Tabelas 38.

De acordo com a Fig. 23, a combustão completa para o combustível diesel ocorrerá a IP-180 bar e CR-16, enquanto que para o CB20 ocorrerá a IP-240 bar e CR-17. O IP é mais crucial do que qualquer outra variável operacional para a combustão completa. É necessário um IP-240 bar maior para o biodiesel porque as suas partículas são maiores do que as do gasóleo, o que resulta em temperaturas mais baixas e numa menor eficiência de combustão.

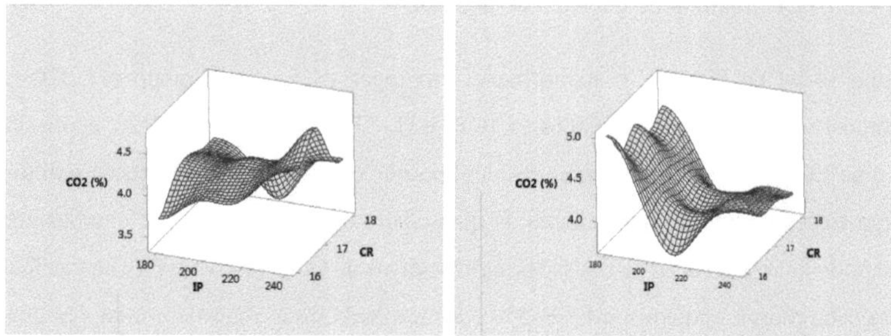

| CO₂ (%) Vs CR, IP para o combustível CB20 | (b) CO₂ (%) Vs CR, IP para combustível diesel |

Fig. 23 Gráfico de superfície de % CO2 Vs Variáveis-chave de influência

e) Emissões de HC

A presença de HC no escape é um sinal de combustão ineficiente. A regra aconselhada é que quanto mais pequeno for, melhor. Os parâmetros de funcionamento para a redução das emissões de HC são essencialmente idênticos aos da redução das emissões de CO. O EGR é mais uma vez o fator determinante para ambos os combustíveis. Aconselha-se a utilização de EGR-5%, IT-25⁰ bTDC, CR-16, e IP-240 bar quando se utiliza combustível diesel. Como se mostra na Fig. 19(e), é aconselhável utilizar EGR-5% quando se utiliza CB20 como combustível, seguido de IT-19⁰ bTDC, CR-18 e IP-180 bar. De acordo com a Fig. 24, as emissões de HC do combustível diesel serão as mais baixas com EGR-5% e IT-25⁰ bTDC, enquanto as do CB20 são com EGR-5% e IT-19⁰ bTDC. O principal fator que afecta a regulação das emissões de HC é a EGR. O aumento da EGR faz com que a carga fresca de entrada seja diluída à medida que a quantidade de O₂ no espaço de combustão diminui, o que provoca emissões significativas de HC. Por conseguinte, aconselha-se 5% de EGR para ambos os combustíveis.

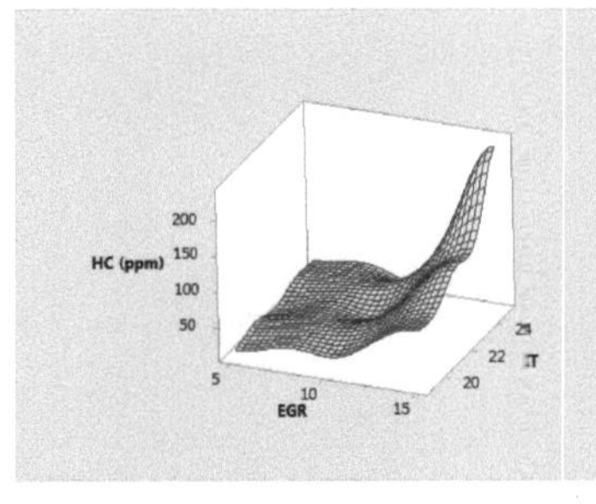 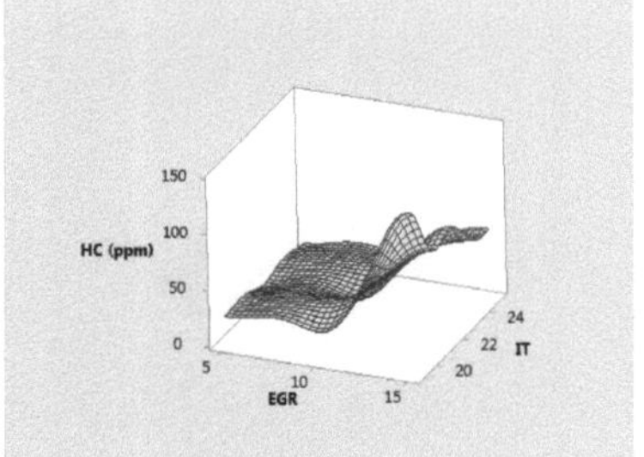

a) HC (ppm) Vs IT, EGR para o combustível CB20

(b) HC (ppm) Vs IT, EGR para combustível diesel

Fig. 24 Gráfico de superfície de HC (ppm) Vs Variáveis-chave de influência

f) Emissão de NOx

Indica que os óxidos de azoto estão presentes nas emissões. Devido às emissões significativas de NOx do escape do motor, a utilização de biodiesel é limitada. O aumento da temperatura de combustão, que resulta na oxidação das moléculas de azoto, é a causa das emissões excessivas de NOx [84]. A regra aconselhada é que quanto mais pequeno, melhor. A EGR é a principal variável que contribui para ambos os combustíveis na redução das emissões de NOx, uma vez que os valores F são mais elevados e os valores P são mais baixos quando comparados com outros factores. O motor deve funcionar a CR-17 médio, IP-240bar grande, IT-19 retardado^0 bTDC e EGR-15% grande quando funciona com gasóleo. De acordo com a fig. 19(f), o motor deve ser trabalhado com um CR-17, IP-210 bar, IT-19^0 bTDC, e um EGR-15% ao utilizar CB20 como combustível.

De acordo com a Fig. 25, para o combustível diesel, as emissões mais baixas de NOx podem ser obtidas com 15% de EGR e 240 bar IP, enquanto as emissões mais baixas de NOx para o CB20 podem ser obtidas com 15% de EGR e CR-17. Aconselha-se 15% de EGR para ambos os combustíveis, uma vez que a recirculação extensiva dos gases de escape baixa as temperaturas de combustão e, por conseguinte, reduz os NOx.

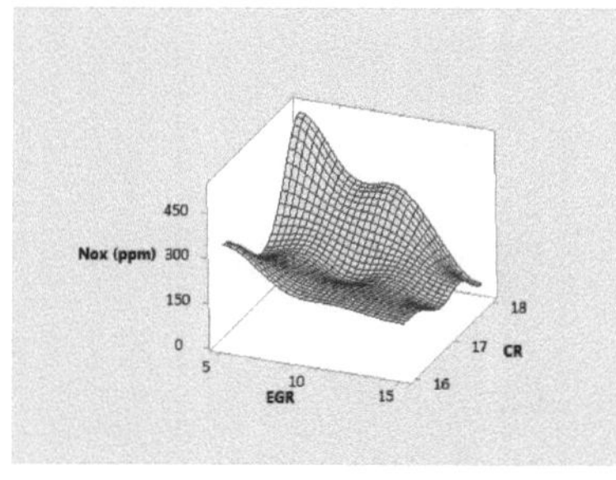
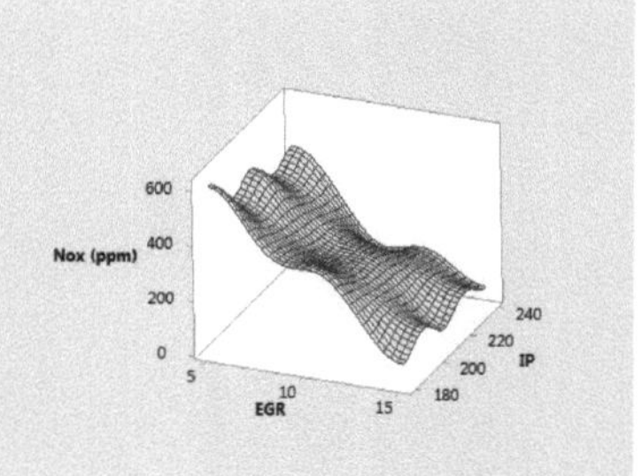

<table>
<tr><td align="center">(a) NOx (ppm) Vs CR, EGR para o
combustível CB20</td><td align="center">(b) NOx (ppm) Vs IP, EGR para
combustível diesel</td></tr>
</table>

Fig. 25 Gráfico de superfície de NOx (ppm) Vs Variáveis-chave de influência

g) Fumo

A opacidade do fumo é o resultado da porção de luz incidente que é dispersa ou absorvida pelo fumo. Quando o fumo é opaco, encontram-se mais partículas pesadas no fumo. A regra geral é que quanto mais pequenas, melhor. A opacidade do fumo é normalmente mais elevada com cargas mais pesadas. O EGR é o principal fator de influência quando se utiliza combustível diesel, porque o seu valor F é mais elevado. O motor deve funcionar com um CR-18 grande, IP-180 bar, IT-25 sofisticado^0 bTDC, e EGR-5% baixo para produzir a menor quantidade de fumo. Quando se utiliza o CB20 como combustível, vê-se na Fig. 19(g) que o CR é o principal fator de influência. O funcionamento de um motor com um CR-18, IP-210 bar, IT-19^0 bTDC e EGR-5% reduzirá as emissões de fumo. A Fig. 26 da superfície demonstra que, para o CB20 e o combustível diesel com EGR-5% e CR-18, a opacidade dos fumos será menor. Aconselha-se um CR maior para ambos os combustíveis porque resulta numa combustão completa com mais CO_2 e menos HC, CO e fumos. Não é necessária uma grande EGR se ocorrer uma combustão completa, pelo que 5% de EGR é suficiente para qualquer um dos combustíveis.

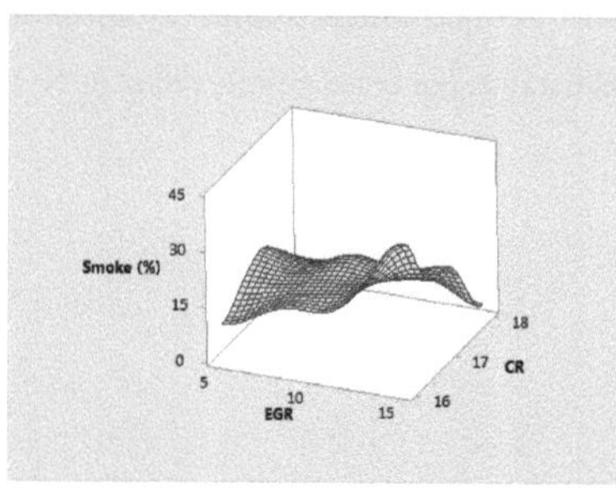
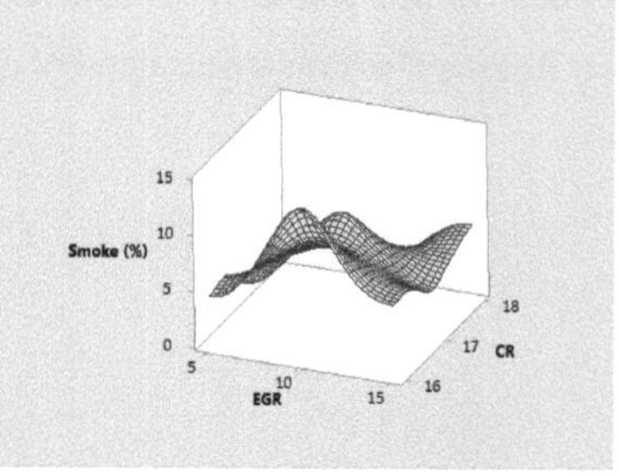

ı) Fumo (%) Vs CR, EGR para o combustível
CB20

(b) Fumo (%) Vs CR, EGR para
combustível diesel

Fig. 26 Gráfico de superfície de % de fumo Vs variáveis-chave de influência

4.3.2.3 Influência das variáveis de entrada no desempenho e nas emissões
a) Efeito EGR

Devido à recirculação dos gases de escape, as temperaturas de pico no espaço de combustão diminuem, o que reduz o nível de NOx e a concentração de oxigénio, mas aumenta as emissões de fumo [86]. Nota-se uma grande diminuição das emissões de NOx com um pequeno aumento dos fumos com a EGR-15% no CB20, pelo que, para diminuir os NOx, a utilização da EGR é o método mais eficiente. A EGR é mais eficaz para diminuir os NOx em motores de ignição por compressão alimentados com éster alcalino. Verificou-se uma redução significativa dos NOx e pode decidir-se que o melhor nível é 15%, o que dá um melhor BTE, menos emissões de fumo, HC e CO com uma redução suficiente dos NOx [91]. A utilização de EGR em motores de ignição por compressão aumenta o atraso da ignição, resultando na deslocação do início e do fim da combustão para períodos mais tardios nos cursos de compressão e expansão. As principais causas para uma maior redução dos NOx são a diluição amplificada do CO_2 , uma vez que o excesso de CO_2 chega à combustão, a razão ar/combustível reduz-se em relação ao gasóleo e resulta no retardamento da combustão. À medida que a proporção de EGR aumenta, a diluição da carga de entrada aumenta, o que reduz a quantidade de O_2 no espaço de combustão e provoca emissões adicionais de HC [91].

b) *Efeito CR*

Um RC mais elevado provoca temperaturas e pressões mais elevadas em resultado de uma melhor combustão do combustível, o que aumenta o BTE e reduz a BSFC e a libertação de HC. Devido ao excesso de temperatura de combustão, o efeito do aumento da RC provoca um aumento das emissões de NOx. Como o calor na compressão é insuficiente em taxas de compressão mais baixas, o processo de ignição é mais demorado, aumentando a libertação de CO e HC. Em comparação com o gasóleo, o biodiesel liberta menos CO devido à combustão completa. Devido à utilização do excesso de O_2 disponível na cadeia do biodiesel, o CO gerado durante a queima do biodiesel pode ser transformado em CO_2 [81].

c) **Efeito TI**

A eficiência volumétrica é afetada positivamente devido ao avanço das TI. A ignição do combustível, o comportamento do motor e os gases de escape são afectados negativamente devido ao retardamento da injeção de combustível. Como resultado do retardamento da injeção de combustível, verifica-se uma combustão incompleta devido à qual o BTE diminui e o BSFC aumenta [82]. Nos motores de ignição por compressão para reduzir os NOx, o retardamento da injeção é uma técnica eficiente, mas que resulta numa diminuição do rendimento do motor, no consumo excessivo de combustível, em grandes quantidades de HC nos gases de escape e em fumos densos [86].

d) Efeito IP

Um maior grau de atomização com IP elevado, que resulta numa combustão completa, pode ser a causa do aumento observado no BTE. A BSFC diminui com o aumento do IP; isto pode ser o resultado de uma melhor fragmentação com IP mais elevado, o que expõe as partículas de combustível em excesso ao ar quente, sujeito a combustão completa. Devido à sua maior viscosidade e menor teor calorífico, o biodiesel tem um BSFC mais elevado do que o gasóleo. O aumento do IP provoca a combustão completa do combustível, o que produz mais calor e aumenta a EGT. Uma vez que o biodiesel tem um poder calorífico inferior ao do gasóleo, tem menos EGT.

Como o combustível é atomizado em minúsculas gotas de orvalho e uma grande área superficial é exposta para queima, é criada uma mistura de combustível de alta qualidade, resultando numa combustão completa, o que reduz as emissões de HC e CO, mas aumenta as emissões de CO_2 em resultado de um aumento do IP. Como o combustível biodiesel contém mais oxigénio do que o gasóleo, as suas emissões de CO são mais baixas. Menos CO e mais emissões de CO_2 resultam da combinação de carbono e oxigénio durante a combustão do combustível. Como mais combustível queima a temperaturas mais elevadas devido ao aumento do PI, há um aumento das emissões de NOx. No caso do biodiesel, são geradas temperaturas mais elevadas no cilindro do motor, provocando um excesso de NOx, devido à disponibilidade de oxigénio. Com o aumento do IP, o fumo diminui. Os ésteres alcalinos produzem mais fumo do que o gasóleo [113].

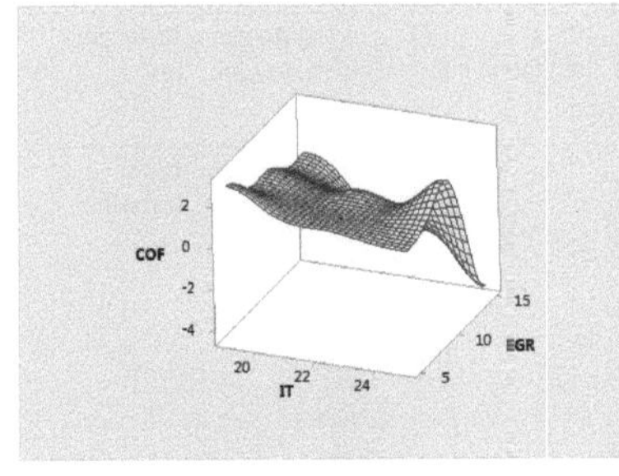
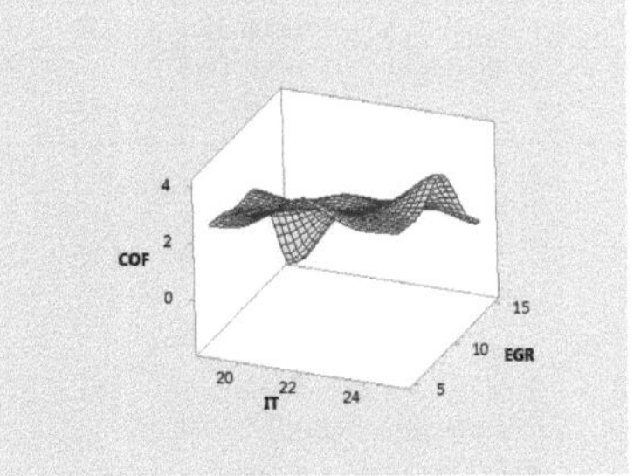

(a) COF Vs IT, EGR para combustível B20   (b) COF Vs IT, EGR para combustível diesel

Fig. 27 Gráfico de superfície de 50:50 COF Vs Variáveis-chave de influência

As figuras de superfície 27 e 19(h) mostram que as melhores condições para o COF com uma ponderação de 50:50 quando se utiliza combustível diesel são EGR-5% e IT-25^0 bTDC, enquanto as melhores condições para o CB20 são EGR-10% e IT-19^0 bTDC. O principal fator que afecta o COF de ambos os combustíveis é o EGR, que deve ser de 5% para o gasóleo e de 10% para o combustível CB20, uma vez que tanto as emissões como o desempenho térmico têm o mesmo peso quando todas as variáveis são tidas em conta. Devido ao maior poder calorífico do gasóleo, a EGT após a combustão pode ser superior à do CB20, aumentando o BTE e reduzindo as emissões de CO, NOx, HC e fumos. Devido ao excesso de oxigénio, apenas é aconselhada a EGR-5% para o gasóleo e 10% para o CB20. De acordo com os resultados da Tabela 40, o BTE e o BSFC dos dois combustíveis são equivalentes. As emissões de CO_2 são quase comparáveis. A utilização de EGR resulta numa redução de NOx, embora também se observe um aumento de CO, HC e fumo. A Tabela 41 apresenta uma visão geral das caraterísticas operacionais óptimas de várias misturas de combustível biodiesel.

Tabela 40. Teste de validação

Combustível	CR	IP	TI	RGE	BTE (%)	BSFC (Kg/KWh)	CO (%)	CO_2 (%)	HC (ppm)	NOx (ppm)	Fumo (%)
CB 20	18	210	19	10	21.37	0.3712	1.4	3.9	63	74	2.7
Diesel 100%	18	240	25	5	23.04	0.3418	0.11	4.1	16	325	1.3

Tabela 41. Resumo das melhores variáveis de entrada para várias misturas de combustível alcalino-éster

N.º Sr.	Investigador	Mistura de combustível utilizada	CR	IP (bar)	IT (^{0} bTDC)	EGR (%)	Método de otimização	Referências
1	S. Pawar et al.	Cocklebur (CB20)	18	210	19	10	Taguchi	Este trabalho
2	C. Srinidhi et al.	Neem (B25)	17.3	227.86	27	-	RSM	[111]
3	S. V. Channapattana et al.	Tamanu (B60)	18	227	22	-	AG e RNA	[77]
4	A. N. Kumar et al.	Óleo de palma (B20)	-	-	27	20	-	[93]
5	A. Singh et al.	Jatropha Curcas (B30)	18	180	-	-	RSM	[70]

4.4 Biodiesel de berbigão misturado com biodiesel de karanja

4.4.1 Combustível- 3 (Biodiesel de Karanja 80%+Biodiesel de Carbúnculo 20%)

Tabela 42. Resultados da experimentação para o combustível 3

Expt.	BTE	BSEC (KJ/KWh)	CO	CO_2	HC	NOx (ppm)	Fumo (%)
1	19.12	18830.22	0.09	1.7	14	130	50
2	19.73	18244.45	0.16	2.6	24	146	45.7
3	22.29	16152.56	0.27	3.4	36	105	45
4	19.61	18359.5	0.69	3.8	60	64	28.9
5	23.12	15567.77	0.25	3.4	40	393	26.4
6	19.71	18263.98	0.12	2.4	21	232	12
7	20.64	17444.56	0.5	3.5	42	262	34.4
8	19.19	18763.46	0.89	4.1	71	112	24.3
9	20.34	17695.15	0.21	2.7	26	324	14.6

O ponto de pico no gráfico de resposta para cada resposta de saída, como se mostra na figura 28, é atribuído à combinação óptima dos parâmetros de funcionamento do motor, como se indica no quadro 45. Os resultados experimentais do quadro 42, juntamente com os valores S/N indicados no quadro 43 e a ANOVA indicada no quadro 46, são utilizados para obter a contribuição das variáveis de funcionamento do motor para a resposta de saída, como indicado no quadro 44. Os valores de "F" e "P" das variáveis de funcionamento, em função da resposta de saída, são os indicados no quadro 46. Se qualquer variável de funcionamento tiver um valor "p" próximo de zero, isso indica que a variável tem mais influência na resposta do motor.

Tabela 43. Valores SNR para o combustível 3

Correr Não.	SNRA1	SNRA2	SNRA3	SNRA4	SNRA5	SNRA6	SNRA7	COF(50:50)
1	25.629	-85.497	20.915	4.6089	-22.922	-42.27	-33.97	-22.33
2	25.902	-85.222	15.917	8.2994	-27.604	-43.28	-33.19	-22.81
3	26.962	-84.164	11.372	10.629	-31.126	-40.42	-33.06	-22.56
4	25.849	-85.277	3.223	11.595	-35.563	-36.12	-29.21	-23.46
5	27.279	-83.844	12.041	10.629	-32.041	-51.88	-28.43	-23.11
6	25.893	-85.231	18.416	7.6042	-26.444	-47.3	-21.58	-21.76
7	26.294	-84.833	6.0206	10.881	-32.465	-48.36	-30.73	-24.1
8	25.661	-85.466	1.0122	12.255	-37.025	-40.98	-27.71	-24.19
9	26.167	-84.957	13.555	8.6272	-28.299	-50.21	-23.28	-22.65

Quadro 44. Contribuição de cada fator em relação às respostas de produção

Resposta de saída	CR	IP	TI	RGE	R^2
BTE (%)	5.515	11.3655	76.3947	6.7248	94.48%
BSEC (KJ/KWh)	4.7367	11.4855	78.133	5.6448	95.26%
CO (%)	31.244	17.0149	0.1713	51.5698	99.83%
CO_2 (%)	25.7842	9.5427	15.812	48.8611	90.46%
HC (ppm)	26.8665	16.5144	0.8902	55.7288	99.11%
NOx (ppm)	21.6156	8.8642	15.0946	54.4256	91.14%
Fumo (%)	74.5965	19.7564	4.9714	0.6757	99.32%
COF 50:50	38.0828	39.3913	7.0577	15.4682	92.94%

Tabela 45. Variáveis de entrada para as melhores respostas de saída do combustível 3

Resposta de saída	CR	IP	TI	RGE	Fator amovível
BTE (%)	17	240	25	5	CR
BSEC (KJ/KWh)	18	180	19	10	CR
CO (%)	18	210	19	15	TI
CO_2 (%)	18	210	25	15	IP
HC (ppm)	18	210	25	15	TI
NOx (ppm)	18	240	25	5	IP
Fumo (%)	16	180	25	15	RGE
COF 50:50	16	240	19	5	TI

Tabela 46. Modelo ANOVA para o combustível 3

Base	SS Adj	Valor-F	Valor-P	Base	SS Adj	Valor-F	Valor-P
	BTE (%)				BSEC (KJ/KWh)		
IP	1.7822	2.06	0.327	IP	1201842	2.42	0.292
TI	11.9793	13.85	0.067	TI	8175821	16.50	0.057

RGE	1.0545	1.22	0.451	RGE	590670	1.19	0.456
Erro	0.8649			Erro	495647		
Total	15.6808			Total	10463980		

Base	SS Adj	Valor-F	Valor-P	Base	SS Adj	Valor-F	Valor-P
	CO (%)				CO_2 (%)		
CR	0.194400	182.25	0.005	CR	1.2067	2.70	0.270
IP	0.105867	99.25	0.010	TI	0.7400	1.66	0.376
RGE	0.320867	300.81	0.003	RGE	2.2867	5.12	0.163
Erro	0.001067			Erro	0.4467		
Total	0.622200			Total	4.6800		

Base	SS Adj	Valor-F	Valor-P	Base	SS Adj	Valor-F	Valor-P
	HC (ppm)				NOx (ppm)		
CR	750.89	30.17	0.032	CR	21715	2.44	0.291
IP	461.56	18.54	0.051	TI	15164	1.70	0.370
RGE	1557.56	62.58	0.016	RGE	54676	6.14	0.140
Erro	24.89			Erro	8906		
Total	2794.89			Total	100460		

Base	SS Adj	Valor-F	Valor-P	Base	SS Adj	Valor-F	Valor-P
	Fumo (%)				50:50 Ponderação		
CR	1107.37	110.42	0.009	CR	1.9733	5.40	0.156
IP	293.28	29.24	0.033	IP	2.0411	5.58	0.152
TI	73.80	7.36	0.120	RGE	0.8015	2.19	0.313
Erro	10.03			Erro	0.3657		
Total	1484.48			Total	5.1816		

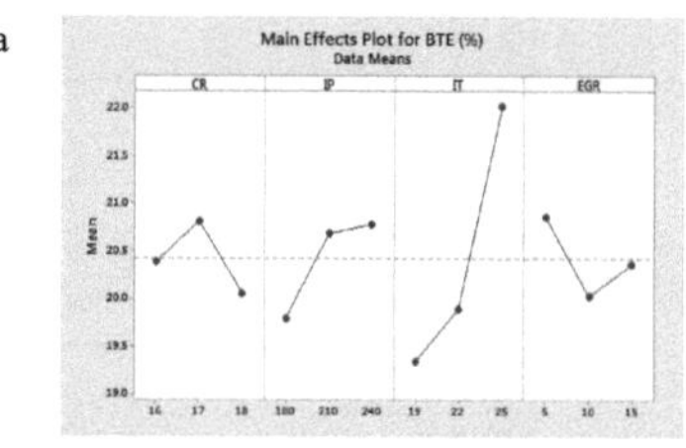

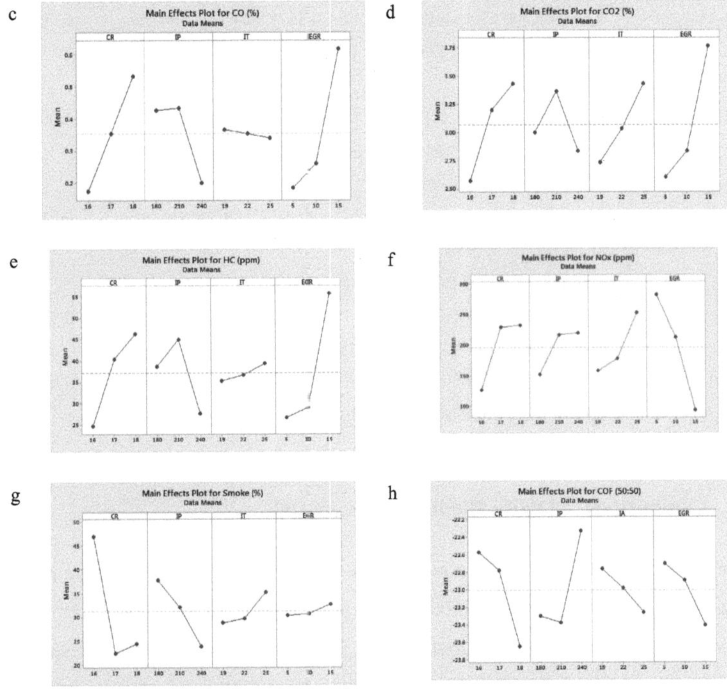

Fig. 28. Gráficos de resposta dos parâmetros de saída para as médias do combustível Karanja Biodiesel 80%+Cocklebur Biodiesel 20%

A equação de regressão para as respostas de produção e os valores da constante de regressão são os indicados no Quadro 13.

Tabela 47. Modelo de regressão para as respostas de produção do combustível 3

Respostas de saída	Equação de regressão	R^2
BTE (%)	20,417 - 0,627 IP180 + 0,263 IP210 + 0,363 IP240 - 1,077 IT19 - 0,523 IT22+ 1,600 IT25 + 0,443 EGR5 - 0,390 EGR10 - 0,053 EGR15	0.944
BSEC (KJ/KWh)	17702 + 509 IP180 - 177 IP210 - 332 IP240 + 917 IT19 + 397 IT22 - 1314 IT25 - 338 EGR5 + 282 EGR10 + 56 EGR15	0.952
CO (%)	0,35333 - 0,1800 CR16 - 0,0000 CR17 + 0,1800 CR18 + 0,0733 IP180 + 0,0800 IP210- 0,1533 IP240 - 0,1700 EGR5 - 0,0933 EGR10 + 0,2633 EGR15	0.998

CO_2 (%)	3,067 - 0,500 CR16 + 0,133 CR17 + 0,367 CR18 - 0,333 IT19 - 0,033 IT22+ 0,367 IT25 - 0,467 EGR5 - 0,233 EGR10 + 0,700 EGR15	0.904
HC (ppm)	37.11 - 12.44 CR16 + 3.22 CR17 + 9.22 CR18 + 1.56 IP180 + 7.89 IP210- 9.44 IP240 - 10.44 EGR5 - 8.11 EGR10 + 18.56 EGR15	0.991
NOx (ppm)	196,4 - 69,4 CR16 + 33,2 CR17 + 36,2 CR18 - 38,4 IT19 - 18,4 IT22 + 56,9 IT25 + 85,9 EGR5 + 16,9 EGR10 - 102,8 EGR15	0.911
Fumo (%)	31,256 + 15,64 CR16 - 8,82 CR17 - 6,82 CR18 + 6,51 IP180 + 0,88 IP210- 7,39 IP240 - 2,49 IT19 - 1,52 IT22 + 4,01 IT25	0.993
50:50	-23,001 + 0,431 CR16 + 0,220 CR17 - 0,651 CR18 - 0,298 IP180 - 0,374 IP210+ 0,672 IP240 + 0,301 EGR5 + 0,106 EGR10 - 0,407 EGR15	0.929

4.4.2 Combustível- 4 (100% Biodiesel de Karanja)

O ponto de pico no gráfico de resposta para cada resposta de saída obtida para o combustível 4, semelhante ao combustível 3, é atribuído à combinação óptima dos parâmetros de funcionamento do motor como indicado no Quadro 51. Os resultados experimentais do Quadro 48, juntamente com os valores S/N de acordo com o Quadro 49 e a ANOVA, Quadro 52, são utilizados para obter a influência das variáveis de funcionamento do motor na resposta de saída, como no Quadro 50.

Tabela 48. Resultados dos testes

Expt.	BTE	OCEMN	CO	CO_2	HC	NOx	Fumo
1	19.76	18216.76	0.1	2.7	8	409	0.1
2	18.34	19631.84	0.11	3.2	9	375	3
3	20.63	17451.17	0.54	3.3	24	101	6.9
4	17.85	20162.29	1.03	3.3	44	77	2.3
5	19.65	18317.45	0.18	3.2	13	466	5.2
6	19.33	18622.89	0.19	3.3	14	432	19.7
7	21.07	17083.99	0.28	2.9	15	292	7.3
8	17.39	20702.08	0.42	3.6	20	197	7
9	18.43	19530.5	0.23	3.7	23	605	21.1

Tabela 49. Rácio S/N para o combustível 4

Expt.	SNRA1	SNRA2	SNRA3	SNRA 4	SNRA5	SNRA 6	SNRA7
1	25.9157	-85.209	20	8.6272	-18.061	-52.234	20
2	25.2679	-85.859	19.172	10.103	-19.084	-51.480	-9.542
3	26.2899	-84.836	5.3521	10.370	-27.604	-40.086	-16.77
4	25.0327	-86.090	-0.256	10.370	-32.869	-37.729	-7.234
5	25.8672	-85.257	14.894	10.103	-22.278	-53.367	-14.32

6	25.7246	-85.400	14.424	10.370	-22.922	-52.709	-25.88
7	26.4732	-84.651	11.056	9.2479	-23.521	-49.307	-17.26
8	24.8059	-86.320	7.5350	11.126	-26.020	-45.889	-16.90
9	25.3105	-85.814	12.765	11.364	-27.234	-55.635	-26.48

Tabela 50. Contribuição de cada parâmetro de funcionamento para a resposta de saída

Resposta de saída	CR	IP	TI	RGE	R^2
BTE (%)	06.2254	17.819	64.4573	11.498283	93.77%
BSEC (KJ/KWh)	06.7967	17.9698	61.8916	13.341974	93.20%
CO (%)	10.777	12.04	10.4713	66.711637	89.53%
CO_2 (%)	22.1595	47.5203	15.1666	15.153503	84.84%
HC (ppm)	15.6389	11.7629	21.1006	51.497565	88.23%
NOx (ppm)	29.507	09.2701	03.2036	84.575552	97.05%
Fumo (%)	25.5252	64.0624	02.6293	07.783094	97.37%
COF 50:50	51.4861	30.1369	09.1641	09.212865	90.84%

Tabela 51. Resposta de saída em função das condições óptimas dos parâmetros de funcionamento para o combustível 4

Resposta de saída	CR	IP	TI	RGE	Parâmetro amovível
BTE (%)	16	180	25	10	CR
BSEC (KJ/KWh)	18	210	22	15	CR
CO (%)	17	180	22	15	TI
CO_2 (%)	18	240	22	15	TI/EGR
HC (ppm)	17	180	22	15	IP
NOx (ppm)	18	240	22	5	CR
Fumo (%)	18	240	19	10	TI
COF 50:50	16	180	19	5	TI

Tabela 52. Modelo ANOVA para respostas de saída do biodiesel de karanja (100 %)

Base	SS Adj	Valor-F	Valor-P	Base	SS Adj	Valor-F	Valor-P
	BTE (%)				BSEC (KJ/KWh)		
IP	2.2260	2.86	0.259	IP	2163170	2.64	0.274
TI	8.0522	10.35	0.088	TI	7450402	9.11	0.099
RGE	1.4364	1.85	0.351	RGE	1606084	1.96	0.337
Erro	0.7777			Erro	818173		
Total	12.4923			Total	1203782 9		

Base	SS Adj	Valor-F	Valor-P	Base	SS Adj	Valor-F	Valor-P
	CO (%)				CO_2 (%)		
CR	0.07509	1.03	0.493	CR	0.1689	1.46	0.406
IP	0.08389	1.15	0.465	IP	0.3622	3.13	0.242
RGE	0.46482	6.37	0.136	TI	0.1156	1.00	0.500
Erro	0.07296			Erro	0.1156		
Total	0.69676			Total	0.7622		

Base	SS Adj	Valor-F	Valor-P	Base	SS Adj	Valor-F	Valor-P
	HC (ppm)				NOx (ppm)		
CR	150.9	1.33	0.429	IP	23022	3.14	0.241
TI	203.6	1.79	0.358	TI	7956	1.09	0.479
RGE	496.9	4.38	0.186	RGE	210040	28.67	0.034
Erro	113.6			Erro	7327		
Total	964.9			Total	248346		

Base	SS Adj	Valor-F	Valor-P	Base	SS Adj	Valor-F	Valor-P
	Fumo (%)				50:50 Ponderação		
CR	112.03	9.70	0.093	CR	14.776	5.62	0.151
IP	281.17	24.35	0.039	IP	8.649	3.29	0.233
RGE	34.16	2.96	0.253	RGE	2.644	1.01	0.499
Erro	11.55			Erro	2.630		
Total	438.90			Total	28.699		

a
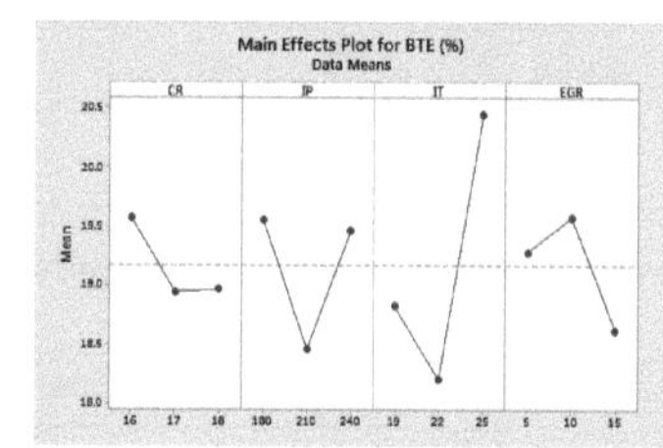

b
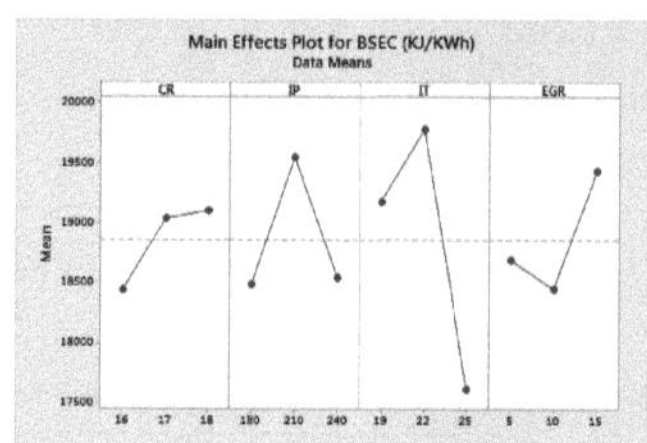

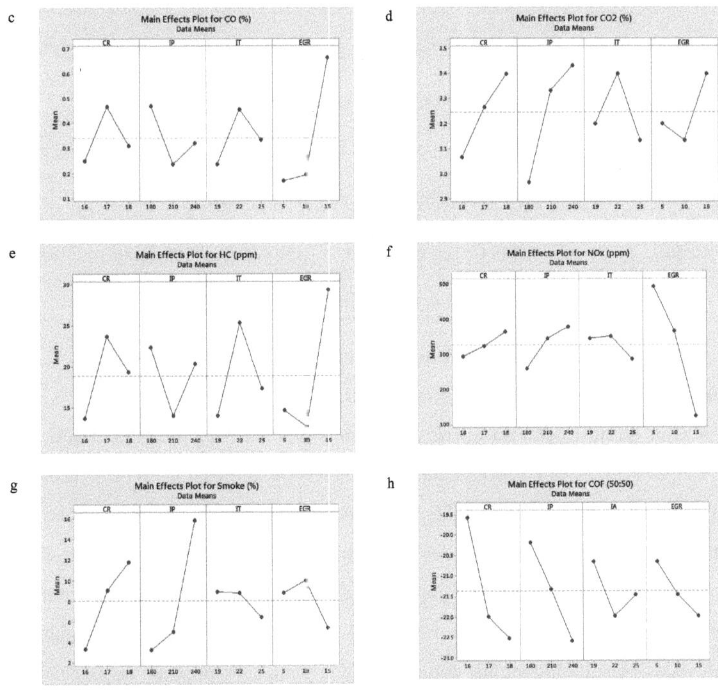

Fig. 29 Gráficos de resposta com base nos parâmetros de saída para os meios de combustível
Karanja

A equação de regressão para as respostas de saída e os valores da constante de regressão são os indicados na Tabela 53.

Tabela 53. Modelo de regressão para as respostas de produção do biodiesel de karanja

Respostas	Equação de regressão	R^2
BTE (%)	19.161 + 0.399 IP180 - 0.701 IP210 + 0.302 IP240 - 0.334 IT19 - 0.954 IT22+ 1.289 IT25 + 0.119 EGR5 + 0.419 EGR10 - 0.538 EGR15	0.937
BSEC (KJ/KWh)	18858 - 370 IP180 − 693 IP210 - 323 IP240 + 323 IT19 + 917 IT22 - 1240 IT25 - 169 EGR5 - 411 EGR10 + 581 EGR15	0.932
CO (%)	0,3422 - 0,0922 CR16 + 0,1244 CR17 - 0,0322 CR18 + 0,1278 IP180 - 0,1056 IP210 - 0,0222 IP240 - 0,1722 EGR5 - 0,1489 EGR10 + 0,3211 EGR15	0.895
CO_2 (%)	3,2444 - 0,178 CR16 + 0,022 CR17 + 0,156 CR18 - 0,278 IP180 + 0,089 IP210+ 0,189 IP240 - 0,044 IT19 + 0,156 IT22 - 0,111 IT25	0.848
HC (ppm)	18,89 - 5,22 CR16 + 4,78 CR17 + 0,44 CR18 - 4,89 IT19 + 6,44 IT22 - 1,56 IT25 - 4,22 EGR5 - 6,22 EGR10 + 10,44 EGR15	0.882

NOx (ppm)	328,2 - 68,9 IP180 + 17,8 IP210 + 51,1 IP240 + 17,8 IT19 + 24,1 IT22 - 41,9 IT25 + 165,1 EGR5 + 38,1 EGR10 - 203,2 EGR15	0.97
Fumo (%)	8,067 - 4,73 CR16 + 1,00 CR17 + 3,73 CR18 - 4,83 IP180 - 3,00 IP210 + 7,83 IP240 + 0,73 EGR5 + 1,93 EGR10 - 2,67 EGR15	0.973
COF 50:50	-21,363 + 1,786 CR16 - 0,627 CR17 - 1,159 CR18 + 1,180 IP180 + 0,040 IP210 - 1,220 IP240 + 0,702 EGR5 - 0,085 EGR10 - 0,617 EGR15	0.908

4.4.3 Efeito dos parâmetros de funcionamento nas respostas de saída

a) Influência das variáveis de controlo no BTE

Indica o grau de utilização da energia térmica fornecida para produzir potência de saída. A Figura 30 mostra a influência das variáveis de controlo no BTE. Verifica-se que o IT tem mais influência no BTE do que outras variáveis de entrada para ambos os combustíveis. A injeção avançada é recomendada para ambos os combustíveis. Devido ao avanço do tempo de injeção, a taxa de reação de combustão entre as moléculas de oxigénio e de carbono aumenta devido a temperaturas de combustão mais elevadas, resultando numa combustão completa . A pressão de injeção é o segundo fator que contribui, seguido do EGR e do CR. Quando o biodiesel de óleo de karanja é utilizado como combustível, para obter um BTE máximo, podem ser utilizados CR-16, IP-180 bar, IT-25^0 bTDC e 10 % de EGR, de modo a que seja necessária uma menor quantidade de combustível. Quando o combustível 3 (biodiesel de karanja 80% + biodiesel de cocklebur 20%) é utilizado como combustível, para obter a máxima eficiência térmica, sugere-se a utilização de CR-17, IP-240 bar, IT-25^0 bTDC e EGR 5%. Como o combustível 3 é uma mistura de dois combustíveis, nomeadamente biodiesel de karanja 80%+ biodiesel de berbigão 20%, para obter uma melhor mistura de dois combustíveis, é necessário um IP elevado (240 bar) e um CR mais elevado (17) para uma melhor combustão. Devido ao uso de CR elevado e IP elevado, pode haver combustão completa, pelo que se recomenda EGR-5%.

a
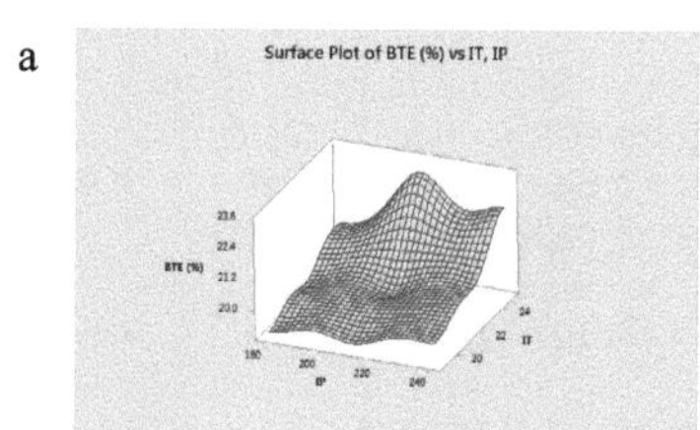

b
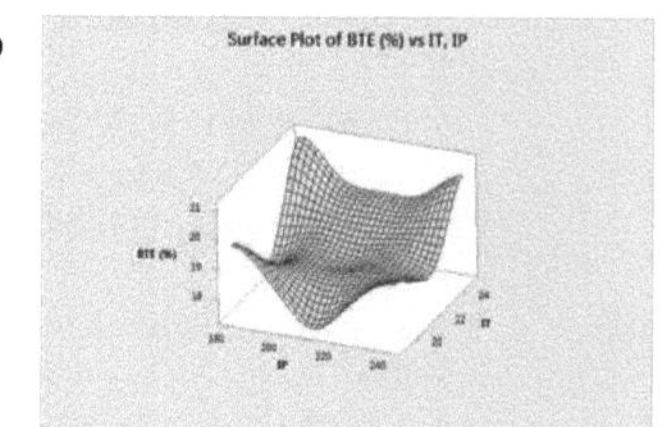

b) Influência das variáveis de controlo no BSEC

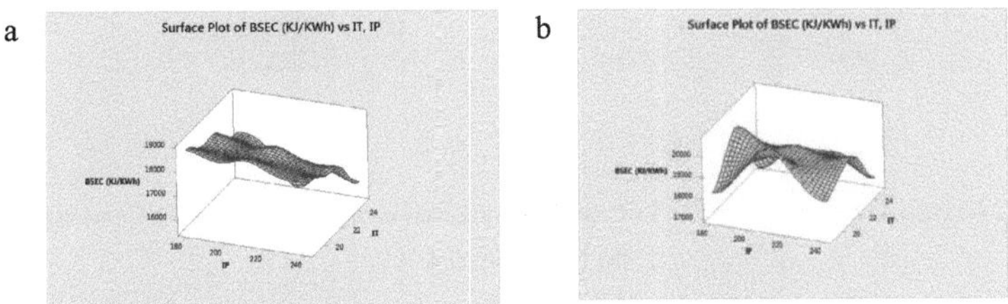

Fig. 31. Gráfico de superfície de BSEC Vs Variáveis de Influência Significativa para (a)
Combustível 3 (b) Combustível 4

Denota a utilização da energia do combustível para gerar a potência da unidade. A figura 31 indica a influência dos factores de controlo no BSEC. Verifica-se que, em comparação com outros factores de controlo, o IT tem mais impacto no BSEC, uma vez que o "valor p" é mais próximo de zero. A pressão de injeção é o segundo fator que contribui, seguido do EGR e do CR. Quando o biodiesel de óleo de karanja é utilizado como combustível, para atingir um BSEC mínimo, podem ser utilizados CR-18, IP-210 bar, IT- 22^0 bTDC e EGR-15 %, de modo a que seja necessária uma menor quantidade de combustível no espaço de combustão para produzir potência unitária. Devido à utilização de IP médio e IT médio, a quantidade de EGR pode ser aumentada até 15%. Quando o combustível 3 (biodiesel de karanja 80% + biodiesel de cocklebur 20%) é utilizado como combustível, para obter um BSEC mínimo, sugere-se CR-18, IP-180 bar, IT-19^0 bTDC e EGR 10 %. Sugere-se uma taxa de compressão elevada para ambos os combustíveis, de modo a obter uma combustão completa. Devido à utilização de uma RC elevada para o combustível 3, pode haver uma combustão completa, pelo que se pode utilizar a injeção retardada. Devido à utilização de injeção retardada e de uma menor quantidade de IP, é necessário reduzir a quantidade de EGR até 10%.

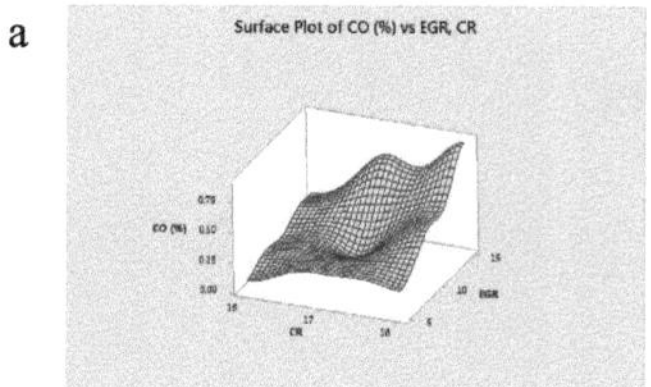

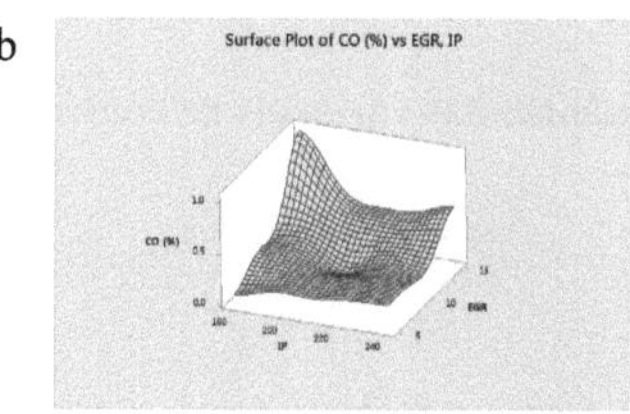

Fig. 32 Gráfico de superfície de CO Vs Principais variáveis *de influência* para (a) Combustível 3 (b) Combustível 4

As emissões de monóxido de carbono durante a combustão devem ser mínimas, uma vez que resultam de uma combustão incompleta. A Figura 32 representa a influência das variáveis de controlo na emissão de CO. Para ambos os combustíveis, verifica-se que o EGR é o principal fator de influência na redução das emissões de CO, uma vez que o valor p é próximo de zero. Sugere-se a utilização de EGR 15% para ambos os combustíveis, se houver combustão incompleta devido a qualquer razão, o CO produzido pode ser circulado na câmara de combustão para combustão completa através da recirculação de gases de escape em grande quantidade. Quando o biodiesel de karanja é utilizado como combustível, deve dar-se preferência ao CR-17, IP-180 bar, IT-22^0 bTDC e EGR-15%. Quando se utiliza biodiesel de karanja 80% + biodiesel de cocklebur 20% como combustível, deve dar-se preferência a CR-18, IP-210 bar, IT-19^0 bTDC e EGR 15%. A fim de obter uma combustão completa, deve preferir-se um CR elevado, um IP inferior com injeção avançada ou um IP superior com injeção retardada.

d) Efeito dos factores de controlo nas emissões de CO$_2$

A presença de CO_2 nas emissões de escape do motor diesel é um sinal positivo, pois indica uma combustão completa. A Figura 33 representa a influência das variáveis de entrada nas emissões de CO_2 . Quando o biodiesel de karanja é utilizado como combustível, verifica-se que o IP é a principal variável de influência, que deve ser 240 bar e, em seguida, CR-18, IT-22^0 bTDC e EGR-15% sequencialmente. São esperados valores mais elevados de IP e CR para uma boa mistura das partículas de ar combustível e uma combustão completa. Se o CO for produzido devido a uma combustão incompleta, pode ser convertido em CO_2 devido à utilização de IP e CR mais elevados, pelo que pode ser utilizada uma EGR a 15%. Quando se utiliza o combustível 3, observa-se que o EGR é o parâmetro que mais afecta, seguido do CR-

18, do IT-25^0 bTDC e do IP-210 bar, sequencialmente. A utilização de um CR elevado e de injeção avançada resulta na queima completa do combustível devido à temperatura elevada, pelo que se sugere a utilização de 15% de EGR. Os valores de R^2 são superiores a 0,9, o que significa que as equações de regressão obtidas estão a dar bons resultados.

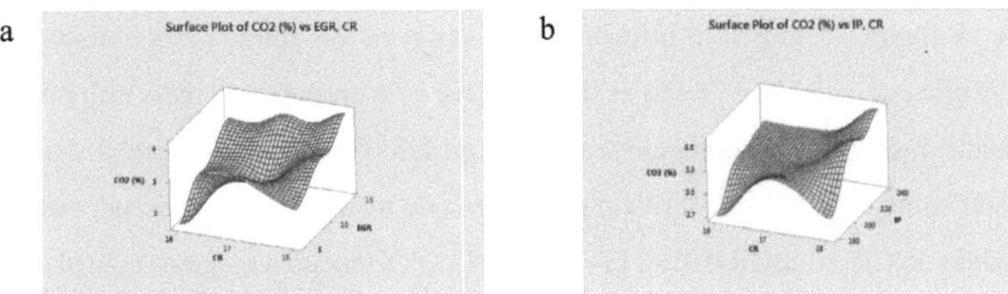

Fig. 33 Gráfico de superfície do CO$_2$ Vs Principais variáveis de influência para (a) Combustível 3 (b) Combustível 4

e) Efeito dos factores de controlo na HC

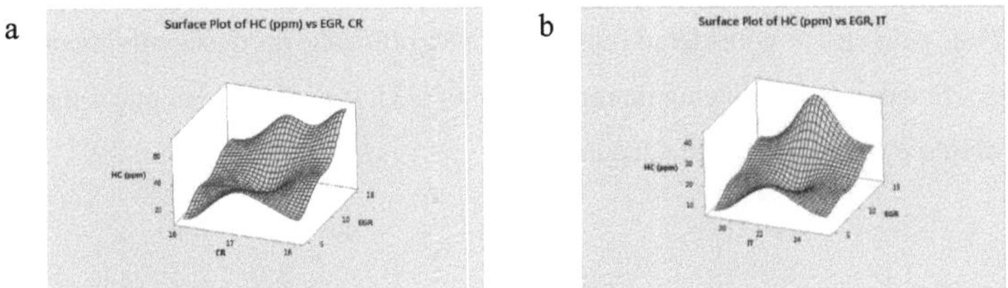

Fig. 34 Gráfico de superfície de HC Vs Principais variáveis de influência para (a) Combustível 3 (b) Combustível 4

As emissões de hidrocarbonetos nos gases de escape indicam uma menor eficiência da combustão. As emissões de HC devem ser mínimas durante a combustão. A Figura 34 mostra a influência das variáveis de controlo nas emissões de HC. O valor das emissões de HC depende principalmente do EGR, que é recomendado como 15% para ambos os combustíveis. Ao utilizar o biodiesel de karanja, outras variáveis de entrada que influenciam são IT-22^0 bTDC, CR-17 e IP-180bar, de acordo com uma ordem de contribuição semelhante à das emissões de CO. A contribuição do IP é comparativamente menor do que a de outras variáveis de entrada, pelo que não é considerada no modelo de regressão. Ao utilizar o combustível 3, os parâmetros de entrada que contribuem são CR-18, IP-210 bar, IT-25^0 bTDC sequencialmente. A influência do IT é muito reduzida (0,89%), pelo que foi eliminada do modelo de regressão. Os valores dos coeficientes de correlação são 0,882 e 0,991, respetivamente, para os dois combustíveis.

f) Efeito dos factores de controlo nas emissões de fumo

A opacidade do fumo indica a presença de partículas pesadas no fumo. É maior com cargas mais elevadas ou quando há uma mistura rica. A opacidade dos fumos deve ser mínima. A figura 35 mostra a influência das variáveis de entrada nas emissões de fumo. Verifica-se que CR e IT são as duas variáveis de entrada que mais influenciam a opacidade dos fumos, em comparação com IP e EGR. Quando o biodiesel de karanja é utilizado como combustível, o IP é o parâmetro que mais contribui, devendo ser 240 bar, seguido do CR-18, EGR-10% e IT-19^0 bTDC. O IT tem uma pequena contribuição em comparação com os outros, pelo que é removido do modelo de regressão. O coeficiente de regressão é de 0,9737. Ao utilizar o combustível 3, o CR deve ser 16, que tem uma contribuição maior em comparação com os outros. As variáveis de entrada IP-180bar, IT-25^0 bTDC e EGR-15% têm uma pequena influência sequencialmente, de acordo com a ordem. A EGR tem uma influência muito pequena (0,6757%), pelo que é considerada um fator insignificante no desenvolvimento da regressão. O valor do coeficiente de regressão é 0,9932, o que significa que o modelo desenvolvido é estatisticamente adequado.

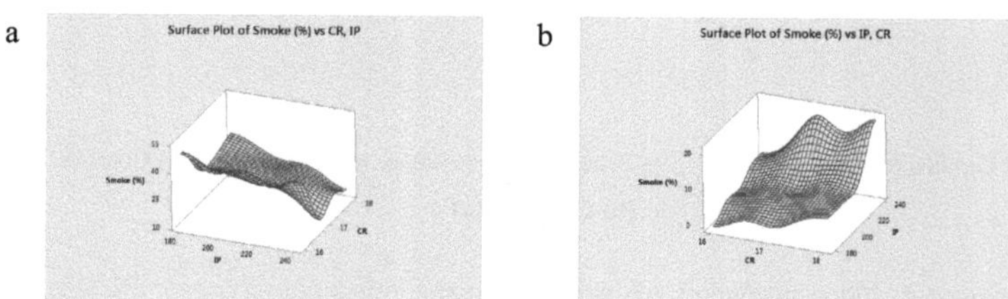

Fig. 35 Gráfico de superfície do fumo Vs Principais variáveis de influência para (a) Combustível 3 (b) Combustível 4

g) Influência das variáveis de entrada nas emissões de NOx

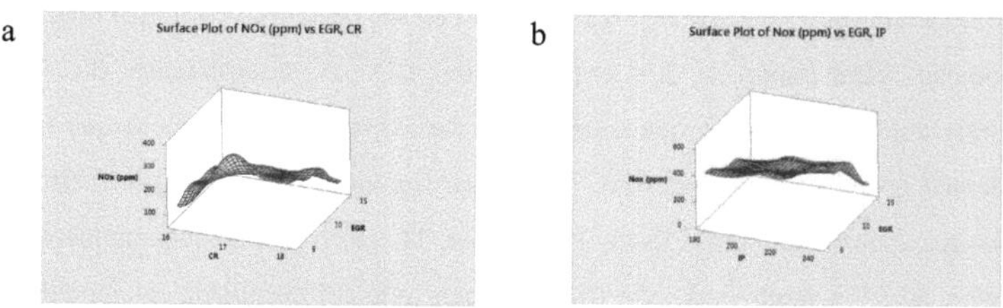

A produção de NOx durante a combustão é prejudicial para a atmosfera. As emissões de NOx devem ser mínimas. A Figura 36 mostra a influência das variáveis de entrada nas emissões de NOx. A emissão de NOx depende principalmente do EGR. O impacto do EGR e do CR é superior ao do IP e do IT para ambos os combustíveis. Para reduzir a libertação de NOx, ao utilizar o biodiesel de karanja, os parâmetros de funcionamento do motor são CR-18, IP-240 bar, IT-22^0 bTDC e EGR-5%. A influência do IT é comparativamente menor, pelo que é negligenciada durante o desenvolvimento da equação de regressão. O valor do coeficiente de correlação é 0,9705. Quando se utiliza o combustível 3, as condições de funcionamento do motor são CR-18, IT-250bTDC, IP-240 bar e EGR-5%. A influência do IP é menor do que a dos outros parâmetros contribuintes, pelo que é eliminada na equação de regressão. O valor do coeficiente de correlação é 0,9114. Devido à utilização de CR e IP elevados, há uma combustão completa do combustível, mas isso resulta num aumento das temperaturas, o que pode dar origem a mais emissões de NOx devido à reação entre o azoto do ar e o oxigénio do biodiesel, pelo que se recomenda uma EGR de apenas 5% para ambos os combustíveis.

h) Efeito dos factores de controlo na ponderação 50:50

Ao considerar o desempenho térmico e as emissões de escape de igual importância, é dada uma ponderação de 50:50 a ambos para avaliar as variáveis de entrada do motor. A Figura 37 indica a influência das variáveis de entrada na função objetivo combinada. Verifica-se que a COF depende principalmente do CR e do IP para ambos os combustíveis. Quando se utiliza o combustível KB100, o RC tem um grande impacto em comparação com outros parâmetros de funcionamento, que devem ser 16, seguido de IP-180bar, EGR-5% e IT-19^0 bTDC. Quando se utiliza o combustível 3, o IP tem um grande impacto em comparação com outros parâmetros de funcionamento, que devem ser 240 bar, seguidos de CR-16, EGR-5% e IT-19^0 bTDC. A influência do IT é comparativamente menor, pelo que não foi considerada aquando do desenvolvimento do modelo de regressão para ambos os combustíveis. Os coeficientes de regressão são 0,9294 e 0,9084 para o combustível 3 e o combustível 4, respetivamente, o que significa que os modelos desenvolvidos são satisfatórios. Os parâmetros de funcionamento do motor são os mesmos para ambos os combustíveis, exceto o IP que deve ser de 240 bar para o combustível 3, uma vez que se trata de uma mistura de dois combustíveis que requer um IP elevado para produzir uma atomização adequada das partículas de combustível.

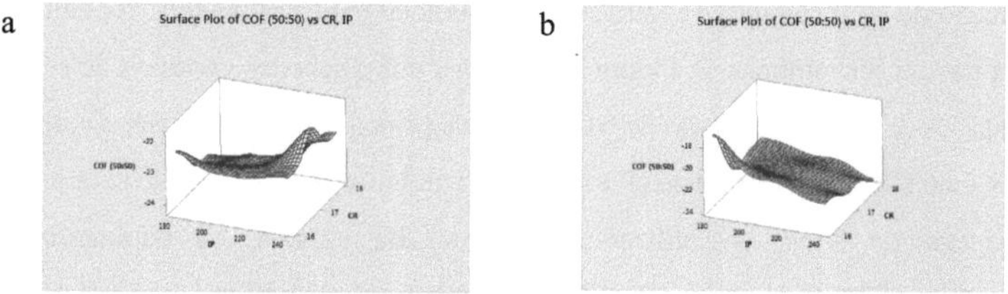

Fig. 37 Gráfico de superfície da ponderação 50:50 Vs Principais variáveis de influência para (a) Combustível 3 (b) Combustível 4

4.4.4 Otimização e validação

Os resultados das experiências adicionais efectuadas para validação, considerando uma ponderação igual (50:50) para o desempenho e as emissões de ambos os combustíveis, são apresentados na Tabela 19. Verifica-se que os parâmetros de entrada do motor são praticamente os mesmos para ambos os combustíveis, exceto o IP, que deveria ser 180 bar para o biodiesel de karanja e 240 bar para o combustível 3. A razão subjacente a este facto pode ser que, uma vez que o combustível 3 é uma mistura de dois combustíveis biodiesel, para uma mistura adequada e uma atomização fina das partículas de combustível pode ser necessário um IP elevado. A BSEC para o combustível 4 (KB100) é superior à do combustível 3 devido à grande viscosidade, à grande densidade e ao menor valor de aquecimento do combustível 4 em relação ao combustível 3.

Tabela 54. Resultados dos ensaios de validação

Combustível	CR	IP	TI	RGE	BTE (%)	BSEC (KJ/KWh)	CO (%)	CO₂ (%)	HC (ppm)	NOx (ppm)	Fumo (%)
KB 80%+ CB 20%	16	240	19	05	21.13	16730.22	0.3	2.6	18	193	16
KB100%	16	180	19	05	20.15	19053.24	0.1	2.7	8	409	10

4.5 Determinação dos parâmetros óptimos de funcionamento do motor utilizando o ácido linoleico como aditivo no biodiesel de óleo de karanja (Fuel-5)

Tabela 55. Ensaio de Biodiesel de Karanja 80% + Ácido Linoleico 20%

N° Sr.	CR	IP	TI	RGE	BTE	BSFC	CO	CO_2	HC	NO_x	Fumo	EGT
1	16	180	19	5	19.5971	0.4549	1.18	8	90	758	76.4	266.188
2	16	210	22	10	19.0023	0.4724	1.48	7.4	92	498	60.7	241.651
3	16	240	25	15	15.3618	0.5844	2.79	7.8	136	457	80.1	209.248
4	17	180	22	15	16.8747	0.5319	2.63	7.5	140	452	71.6	220.53
5	17	210	25	5	17.0937	0.5251	1.54	7.5	109	689	73.7	242.833
6	17	240	19	10	14.9264	0.6014	3.52	7.6	178	397	9.5	201.661
7	18	180	25	10	16.8703	0.5321	1.07	7.1	86	337	42.9	268.169
8	18	210	19	15	12.7644	0.7032	3.33	7	174	310	66	199.059
9	18	240	22	5	19.6676	0.4564	1.32	7.4	87	702	68.8	233.07

O ponto de pico no gráfico de resposta para cada resposta de saída é atribuído à combinação óptima dos parâmetros de funcionamento do motor, como indicado no quadro 57. Os resultados experimentais do quadro 55, juntamente com os valores S/N de acordo com o quadro 56 e a ANOVA de acordo com o quadro 59, são utilizados para obter a contribuição das variáveis de funcionamento do motor para a resposta de saída, como indicado no quadro 58. Os valores de "F" e "P" das variáveis de funcionamento relativos à resposta de saída são os indicados no quadro 59. Se qualquer variável de funcionamento tiver um valor "p" próximo de zero, isso indica que a variável tem mais influência na resposta do motor.

Tabela 56. Valores SNR

Número de execução	SNRA 1	SNRA 2	SNRA 3	SNRA 4	SNRA 5	SNRA 6	SNRA 7	SNRA 8	COF (50:50)
1	-1.44	18.06	-39.08	-57.59	-37.66	-48.5	25.85	6.79	-3.61
2	-3.41	17.38	-39.28	-53.94	-35.66	-47.66	25.53	6.46	-3.49
3	-8.91	17.84	-42.67	-53.2	-38.07	-46.41	23.68	4.62	-5.43
4	-8.4	17.5	-42.92	-53.1	-37.1	-46.87	24.5	5.43	-4.92
5	-3.75	17.5	-40.75	-56.76	-37.35	-47.71	24.61	5.55	-4.57
6	-10.93	17.62	-45.01	-51.98	-19.55	-46.09	23.43	4.37	-4.04
7	-0.59	17.03	-38.69	-50.55	-32.65	-48.57	24.49	5.43	-3.06
8	-10.45	16.9	-44.81	-49.83	-36.39	-45.98	22.07	3.01	-6.19

| 9 | -2.41 | 17.38 | -38.79 | -56.93 | -36.75 | -47.35 | 25.83 | 6.76 | -3.6 |

Tabela 57. Melhores parâmetros de funcionamento

Respostas	CR	IP	TI	RGE
BTE	16	180	22	5
BSFC	18	210	19	15
CO	17	240	19	15
CO2	16	240	19	5
HC	17	240	19	15
NOx	16	240	22	5
Fumo	16	210	22	5
EGT	16	180	25	5
COF 50:50	16	180	22	10

Tabela 58. Contribuição em %

Respostas	CR	IP	TI	RGE	Fator removido
BTE	12.19	10.01	28.47	49.33	IP
BSFC	12.18	10.01	28.47	49.33	IP
CO	15.18	18	14.06	52.76	TI
CO2	64.35	19.3	1.6	14.76	TI
HC	21.15	11.14	23.08	44.64	IP
NOx	14.73	0.64	5.98	78.64	IP
Fumo	19.16	16.18	18.8	45.86	IP
EGT	8.36	38.01	10.1	43.53	CR
COF 50:50	2.04	13.91	6.54	77.51	CR

Tabela 59. ANOVA

Base	SS Adj	MS Adj	Valor-F	Valor-P	Base	SS Adj	MS Adj	Valor-F	Valor-P
	BTE (%)					BSEC (KJ/KWh)			
CR	5.515	2.758	1.44	0.410	CR	0.006192	0.003096	1.07	0.484
TI	11.894	5.947	3.10	0.244	TI	0.015272	0.007636	2.63	0.275
RGE	21.765	10.883	5.67	0.150	RGE	0.024846	0.012423	4.28	0.189
Erro	3.836	1.918			Erro	0.005806	0.002903		
Total	43.010				Total	0.052116			

Base	SS Adj	MS Adj	Valor-F	Valor-P	Base	SS Adj	MS Adj	Valor-F	Valor-P
	CO (%)					CO2 (%)			

Base	SS Adj	MS Adj	Valor-F	Valor-P	Base	SS Adj	MS Adj	Valor-F	Valor-P
CR	0.9968	0.4984	0.66	0.604	CR	0.49556	0.247778	31.86	0.030
IP	1.2624	0.6312	0.83	0.546	IP	0.14889	0.074444	9.57	0.095
RGE	3.7208	1.8604	2.45	0.290	RGE	0.11556	0.057778	7.43	0.119
Erro	1.5198	0.7599			Erro	0.01556	0.007778		
Total	7.4998				Total	0.77556			

Base	SS Adj	MS Adj	Valor-F	Valor-P	Base	SS Adj	MS Adj	Valor-F	Valor-P
	HC (ppm)					NOx (ppm)			
CR	2125	1062.3	1.68	0.373	CR	22094	11046.8	32.80	0.030
TI	3066	1533.0	2.42	0.292	TI	7095	3547.4	10.53	0.087
RGE	4515	2257.3	3.57	0.219	RGE	189551	94775.4	281.42	0.004
Erro	1265	632.3			Erro	674	336.8		
Total	10970				Total	219413			

Base	SS Adj	MS Adj	Valor-F	Valor-P	Base	SS Adj	MS Adj	Valor-F	Valor-P
	Fumo (%)					EGT (^{0} C)			
CR	664.3	332.1	2.05	0.327	IP	2106.2	1053.1	4.47	0.183
TI	494.1	247.1	1.53	0.396	TI	474.8	237.4	1.01	0.498
RGE	2459.6	1229.8	7.61	0.116	RGE	2288.2	1144.1	4.86	0.171
Erro	323.4	161.7			Erro	470.7	235.4		
Total	3941.4				Total	5340.0			

Base	SS Adj	MS Adj	Valor-F	Valor-P
	COF 50:50			
IP	1.1828	0.59139	6.83	0.128

TI	0.5558	0.27791	3.21	0.238
RGE	6.5870	3.29349	38.03	0.026
Erro	0.1732	0.08661		
Total	8.4988			

Tabela 60. Equação de regressão

Respostas	Equação de regressão	R^2 (%)
BTE	16,826 + 1,104 (16) CR - 0,620 (17) CR - 0,485 (18) CR - 1,108 (19) IT + 1,584 (22) IT - 0,477 (25) IT + 1,899 (5) EGR + 0,011(10) EGR - 1,910 (15) EGR	91.08
BSFC	0,5433 - 0,0365 (16) CR + 0,0127 (17) CR + 0,0238 (18) CR + 0,0466 (19) IT - 0,0536 (22) IT + 0,0070 (25) IT - 0,0617 (5) EGR - 0,0049 (10) EGR + 0,0667(15) EGR	88.86
CO	2,096 - 0,279 (16) CR + 0,468 (17) CR - 0,189 (18) CR - 0,469 (180) IP + 0,021 (210) IP + 0,448 (240) IP - 0,749 (5) EGR - 0,072 (10) EGR + 0,821 (15) EGR	79.74
CO2	7,4778 + 0,2556 (16) CR + 0,0556 (17) CR - 0,3111 (18) CR + 0,0556 (180) IP - 0,1778 IP (210) + 0,1222 (240) IP + 0,1556 (5) EGR - 0,1111 (10) EGR - 0,0444 (15) EGR	97.99
HC	121,33 - 15,3 (16) CR + 21,0 (17) CR - 5,7 (18) CR + 26,0 (19) IT - 15,0 (22) IT - 11,0 (25) IT - 26,0 (5) EGR - 2,7 (10) EGR + 28,7 (15) EGR	88.47
NOx	511,11 + 59,89 (16) CR + 1,56 (17) CR - 61,44 (18) CR - 22,78 (19) IT + 39,56 (22) IT - 16,78 (25) IT + 205,22 (5) EGR - 100,44 (10) EGR - 104,78 (15) EGR	99.69
Fumo	61,08 + 11,32 (16) CR - 9,48 (17) CR - 1,84 (18) CR - 10,44 (19) IT + 5,96 (22) IT + 4,49 (25) IT + 11,89 (5) EGR - 23,38 (10) EGR + 11,49 (15) EGR	91.79
EGT	231,38 + 20,25 (180) IP - 3,53 (210) IP - 16,72 (240) IP - 9,08 (19) IT + 0,37 (22) IT + 8,70 (25) IT + 15,98 (5) EGR + 5,78 (10) EGR - 21,77 (15) EGR	91.18
COF 50:50	-4,3236 + 0,459 (180) IP - 0,427 (210) IP - 0,031 (240) IP - 0,288 (19) IT + 0,319 (22) IT - 0,031 (25) IT + 0,395 (5) EGR + 0,793 (10) EGR - 1,188 (15) EGR	97.96

a) BTE versus CR, IP, IT, EGR

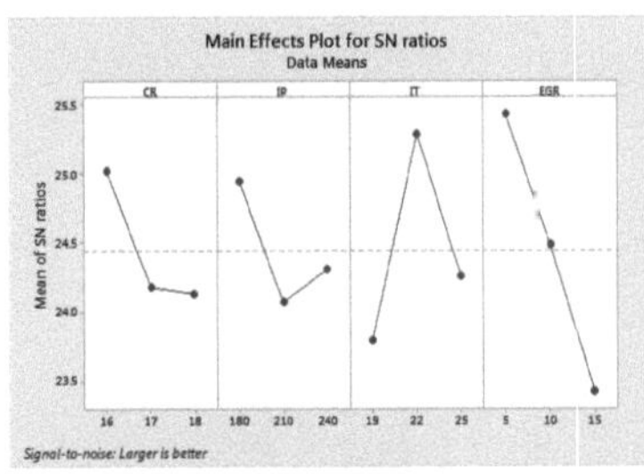

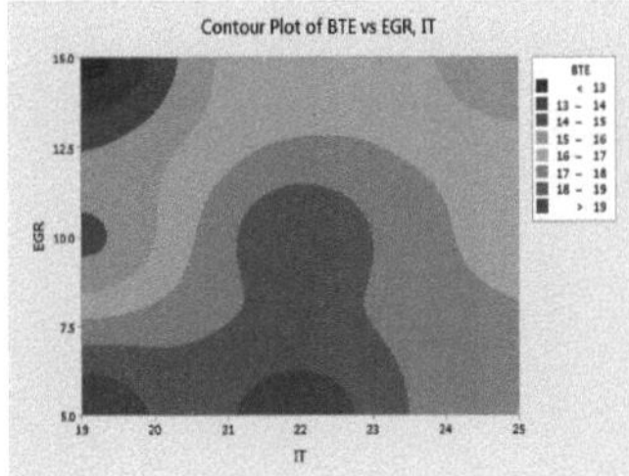

Fig. 38. BTE versus CR, IP, IT, EGR

Os efeitos principais para a relação SN, fig. 38, mostram que o BTE será mais elevado a IP-180 bar, CR-18, IT-22^0 bTDC e 5% EGR. Como o valor F é maior e o valor P é menor para o EGR em comparação com outros parâmetros, o EGR é o fator mais dominante em comparação com outros factores. O segundo fator dominante é o IT, seguido do CR. O IP é comparativamente menos significativo. Um CR mais elevado conduz a uma combustão completa. A utilização de EGR resulta numa poupança no consumo de combustível, aumentando assim o BTE. O gráfico de contorno mostra que o BTE terá um valor mais elevado com EGR entre 5 % e 6 % e IT entre 19 -20^0 bTDC ou entre 21 - 23^0 bTDC.

b) BSFC versus CR, IP, IT, EGR

Os gráficos do efeito principal da relação S-N, fig. 39, indicam que o BSFC pode ser inferior a CR-18, IP-180 bar, IT-22^0 bTDC e EGR-5%. Como o valor F é maior e o valor P é menor para o EGR em comparação com outros parâmetros, o EGR é o fator mais dominante em comparação com outros factores. O segundo fator dominante é o IT, seguido do CR. O IP é comparativamente menos significativo. Um CR mais elevado conduz a uma combustão completa. A utilização de EGR resulta numa poupança no consumo de combustível, reduzindo assim o BSFC. O gráfico de contorno do BSFC mostra que o BSFC será menor com EGR entre 5-7% e IT entre 19 -$21,5^0$ bTDC. A EGR a 10% também pode ser utilizada com o TI entre 21,5 -$23,5^0$ **bTDC.**

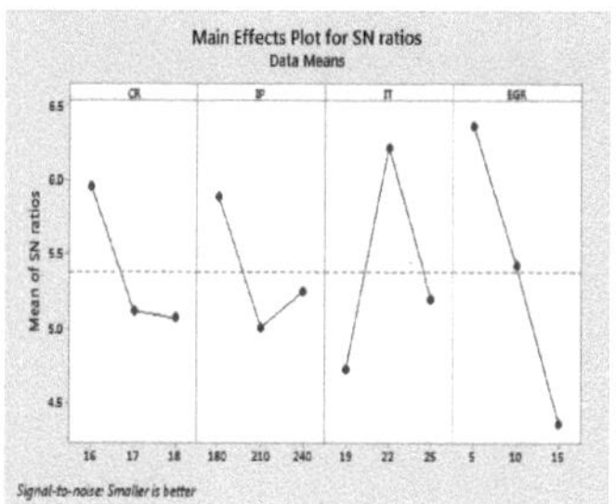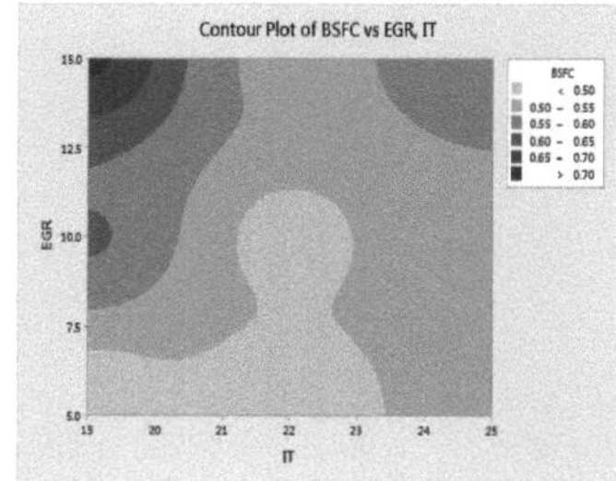

Fig. 39 BSFC versus CR, IP, IT, EGR

c) CO versus CR, IP, IT, EGR

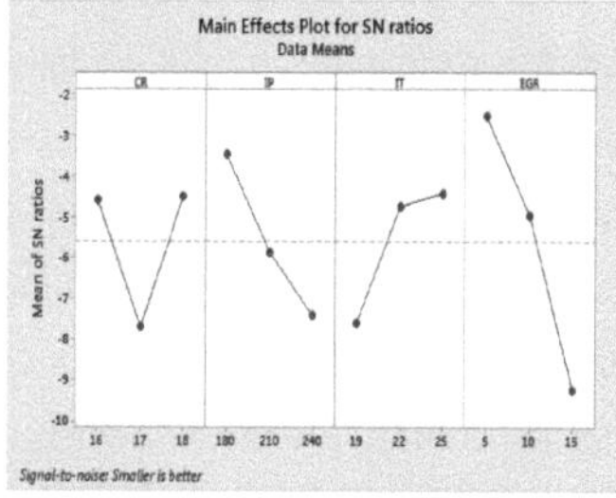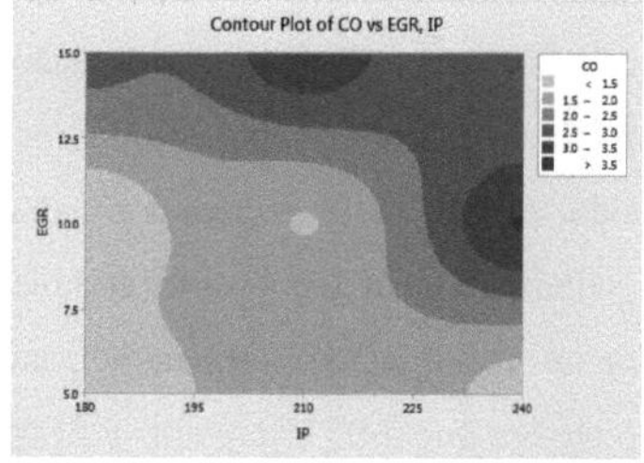

Fig. 40 CO versus CR, IP, IT, EGR

Os gráficos de efeito principal dos rácios SN, fig. 40, das emissões de CO mostram que é possível obter valores mais baixos de emissões de CO a 17-CR, 240 bar-IP, 19^0 bTDC- IT e 15% EGR. Verifica-se que se obtém um valor F maior e um valor P menor para a EGR em comparação com outros parâmetros, pelo que a EGR é um parâmetro mais influente em comparação com outros. A pressão de injeção e a taxa de compressão são também mais influentes do que a regulação da injeção. Uma maior RC e um maior IP proporcionam uma combustão completa, enquanto uma maior EGR pode resultar na diluição da mistura fresca, uma vez que a quantidade de O_2 no espaço de combustão diminui, o que leva à produção de excesso de CO. Uma vez que os ésteres alcalinos possuem um excesso de O_2, é possível efetuar a conversão de CO em CO_2. O gráfico de contorno apresentado na figura indica que as emissões de CO serão menores com EGR entre 5%-11%, IP 180 -195 bar e EGR 5-6% e IP entre 235 e 240 bar.

d) CO_2 versus CR, IP, IT, EGR

Os gráficos do efeito principal da relação S/N, fig. 41, para a emissão de CO_2 indicam que é possível obter uma combustão completa a 16-CR, 240bar-IP, 19^0 bTDC e EGR

5%. Verifica-se que o CR é o principal fator contribuinte, uma vez que o Valor-F é maior e o Valor-P é menor em comparação com os outros. O segundo fator que contribui é o IP. Uma maior pressão de injeção resulta numa melhor mistura das partículas de combustível e ar, proporcionando uma combustão completa. A injeção retardada é insignificante, uma vez que não tem grande contribuição neste caso. O gráfico de contorno apresentado na figura mostra que as emissões de CO_2 serão maiores com CR 16 -16,25 e IP 180-190 bar.

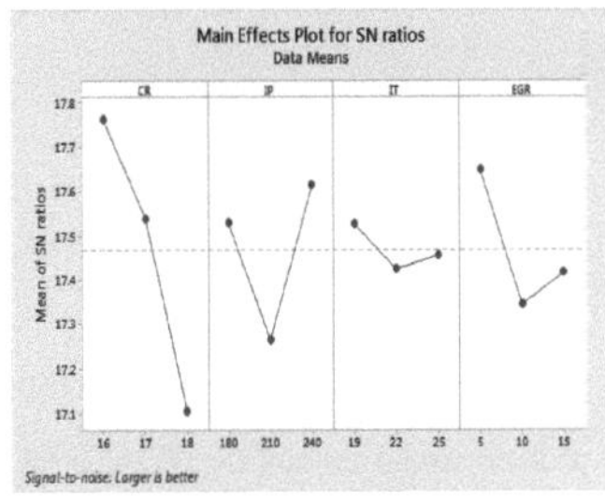
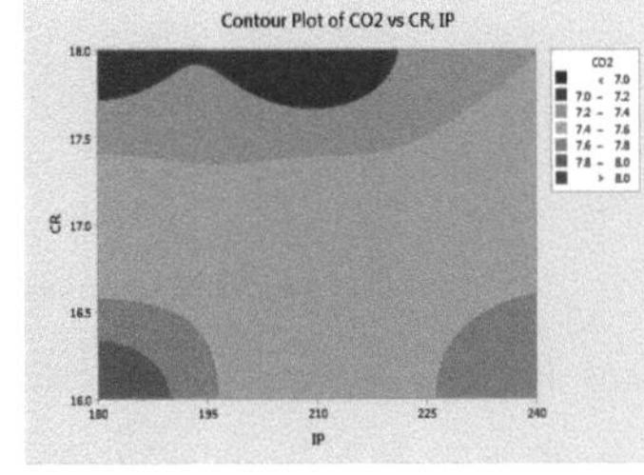

Fig. 41 CO_2 versus CR, IP, IT, EGR

e) HC versus CR, IP, IT, EGR

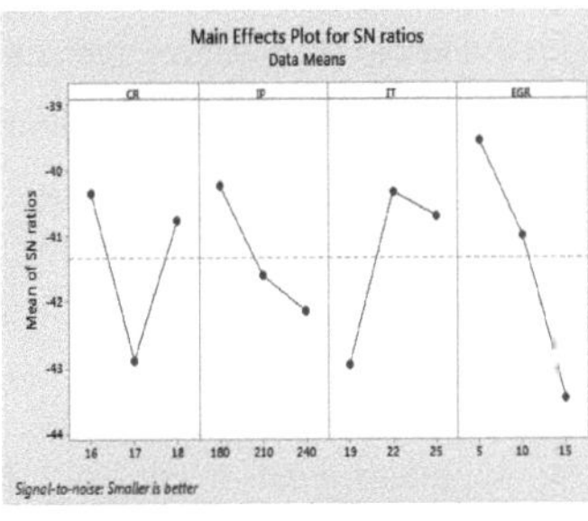
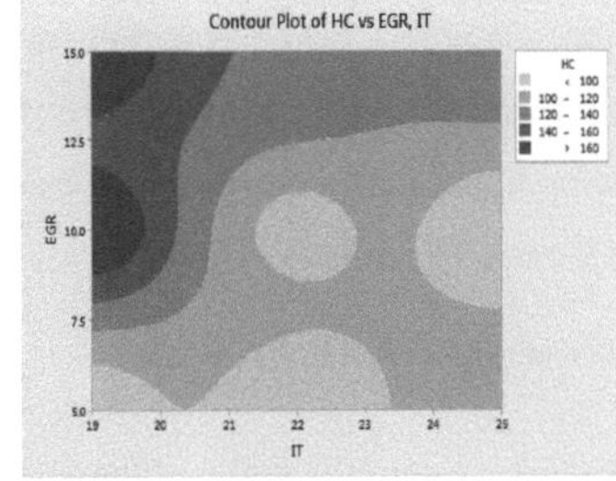

Fig. 42 HC versus CR, IP, IT, EGR

Os gráficos do efeito principal da relação S-N fig. 42, para emissões de HC, mostram resultados semelhantes aos das emissões de CO. Verifica-se que 17-CR, 240bar-IP, 19^0 bTDC-IT e EGR-15% são os valores das condições óptimas para emissões mínimas de HC. Obtém-se um valor F maior e um valor P menor para EGR, pelo que é o fator significativo em comparação com os outros. Uma maior EGR resulta na diluição da mistura de combustível fresco, uma vez que a quantidade de O_2 no espaço de combustão diminui, o que leva à produção de HC em excesso, mas uma vez que os ésteres alcalinos possuem um excesso de O_2 , isso leva a uma combustão completa. O gráfico de contorno acima mostra que as emissões de HC são menores com EGR entre

5-6% e IT entre 19-20^0 bTDC ou EGR entre 5-7% e IT entre 21-23^0 bTDC ou ainda EGR entre 7,5 e 12% e IT entre 24-25^0 bTDC.

f) NOx versus CR, IP, IT, EGR

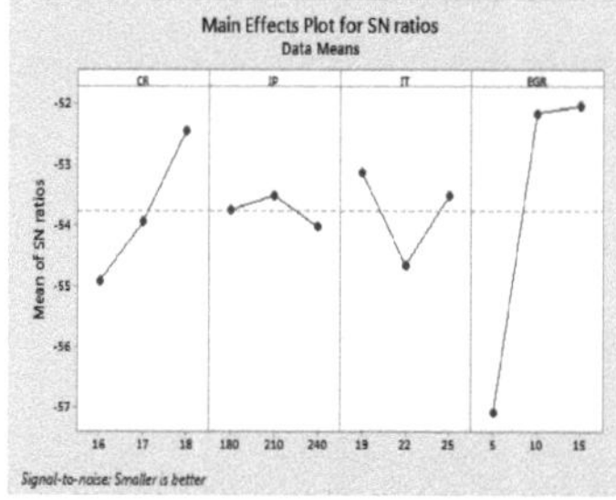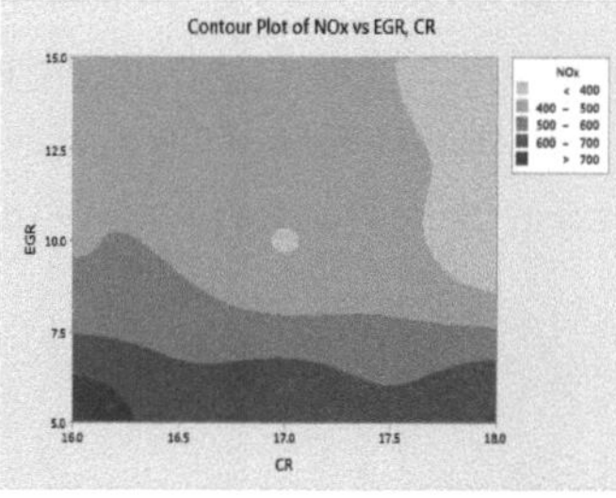

Fig. 43 NOx versus CR, IP, IT, EGR

Os gráficos do efeito principal para as médias e os gráficos S-N principais da figura 43, para as emissões de NOx, mostram que, para reduzir as emissões de NOx, o EGR é o principal fator significativo, uma vez que o Valor-F(122) é superior aos outros e o Valor-P(0,008) é próximo de zero. O segundo fator que afecta é a taxa de compressão, seguida do IT. Uma taxa de compressão menor e uma injeção retardada resultam numa combustão incompleta, pelo que as temperaturas de combustão são menores, reduzindo as emissões de NOx, pelo que é preferível uma EGR menor. O gráfico de contorno mostrado na figura indica que as emissões de NOx serão reduzidas com EGR entre 9-15% e CR entre 17,5 e 18%.

g) Fumo versus CR, IP, IT, EGR

Os gráficos do efeito principal da relação S-N, fig. 44, indicam que as emissões de fumo podem ser reduzidas utilizando CR-16, IP-210 bar, IT-22^0 bTDC e EGR-5%. Como o Valor-F é maior e o Valor-P é menor para o EGR, este é o principal fator de funcionamento, seguido do CR e do IT. Observa-se que o IP é comparativamente menos significativo. Mais IP leva à atomização das partículas de combustível e IT avançado leva à combustão completa. Recomenda-se apenas 5% de EGR para que possa haver uma combustão completa, dando menos densidade de fumo. As emissões de fumo podem ser reduzidas com EGR entre 9 e 11% e 16,75 a 17,25 CR.

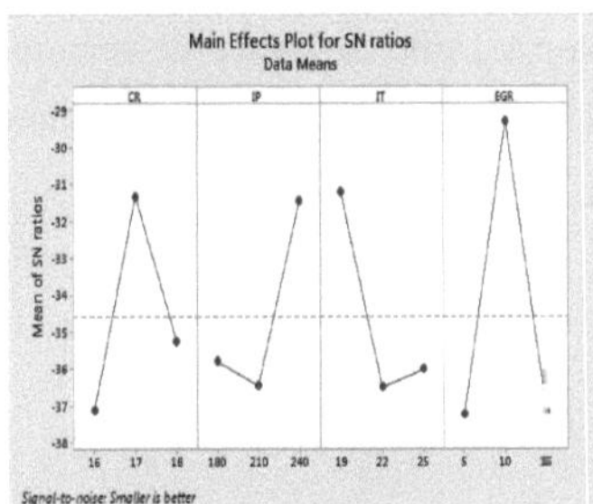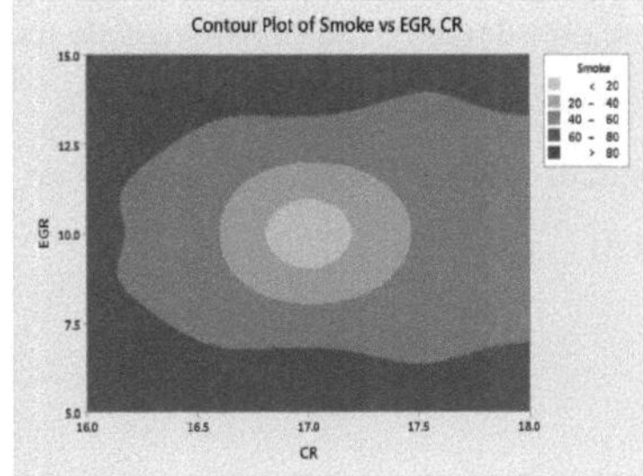

Fig. 44 Fumos versus CR, IP, IT, EGR

h) EGT versus CR, IP, IT, EGR

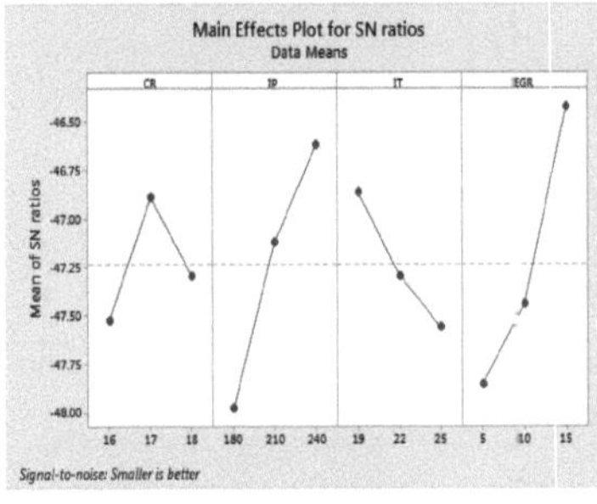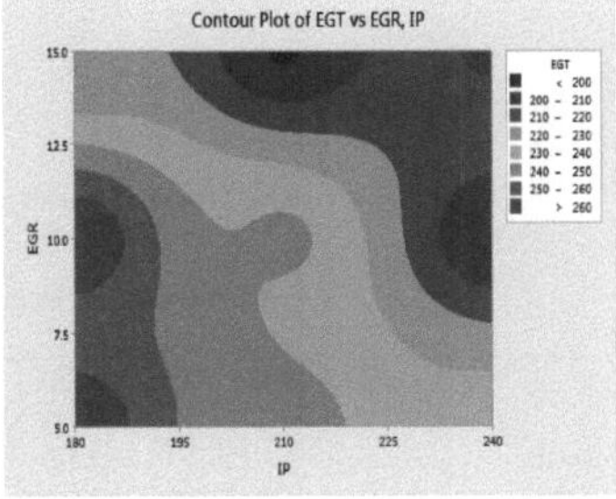

Fig. 45 EGT versus CR, IP, IT, EGR

A partir dos gráficos dos efeitos principais da relação S-N, fig. 45, verifica-se que a EGT será menor a CR-16, IP-180 bar, IT-25^0 bTDC e EGR-5%. Obtém-se um valor F maior e um valor P menor para a EGR, seguido do valor para o IP, pelo que a EGR e o IP são as principais variáveis operacionais dominantes em comparação com as outras. Um CR mais pequeno e um IP menor resultam numa combustão sem aumento da EGT e um IT avançado permite uma combustão completa. Recomenda-se a utilização de 5% de EGR. O gráfico de contorno acima mostra que a EGT será menor com EGR de 15% e IP de 210 bar.

i) Gráfico de efeitos principais para COF 50:50

O gráfico dos efeitos principais para COF 50:50, fig. 46, mostra que, quando se assume a mesma importância para o comportamento térmico e para os gases de escape, as condições de funcionamento preferíveis são 16-CR, 180 bar-IP, bTDC-22^0 e 10%-EGR. A partir da ANOVA, verifica-se que o EGR é o principal parâmetro de influência, uma vez que o valor F é maior e o valor P é menor, seguido do IP como segundo parâmetro de influência e do IT como terceiro. Recomenda-se a utilização de EGR a 10%, uma vez que resulta no aumento da eficiência e na combustão completa

105

do biodiesel devido a um maior teor de oxigénio. A partir do gráfico de contorno, sugere-se a utilização de EGR- 9 a 11% e IP 180-190 bar. Utilizando as melhores consequências para 50:50, os resultados do teste de justificação são os indicados na tabela 61.

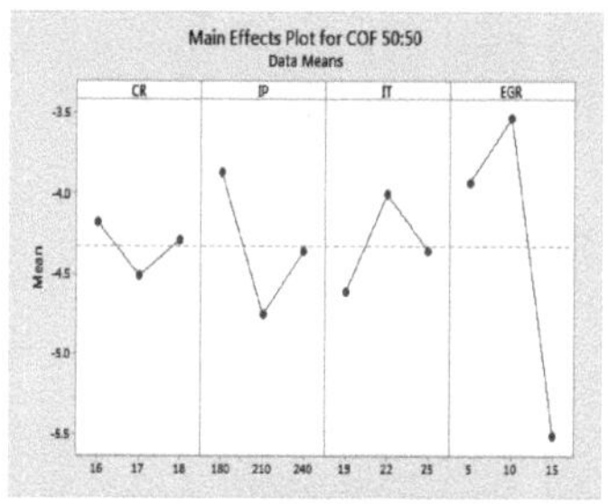
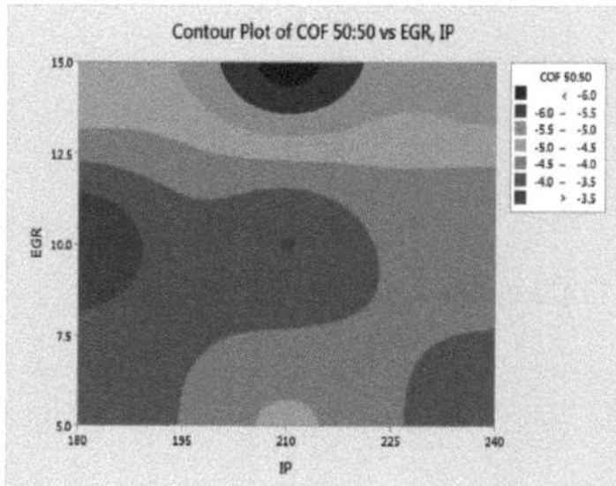

Fig. 46 Gráfico de efeitos principais para COF 50:50

Tabela 61. Resultados da validação

Combustível	CR	IP	TI	RGE	BTE (%)	BSEC (KJ/KWh)	CO (%)	CO$_2$ (%)	HC (ppm)	NOx (ppm)	Fumo (%)
KB 80% + LA 20%	16	180	22	10	20.76	18216.8	1.35	7.6	82	430	47.1
KB 100%	16	180	19	05	20.15	19053.2	0.1	2.7	8	409	10

4.6 Abordagem RSM para otimizar os parâmetros do motor do motor diesel VCR utilizando biodiesel de bagaço de berbigão misturado com diesel

A otimização multi-objetivo é a utilização da abordagem RSM. A versão 19 do software Minitab é utilizada para a análise RSM. As variáveis de entrada e os seus estádios de variância são os indicados na tabela 62. As experiências são concebidas utilizando o método Box-Behnken. Os valores das respostas de saída registados para experiências múltiplas são os indicados na tabela 63 . Para modelar as respostas de saída, é utilizada a análise de regressão com função polinomial. Os modelos quadráticos desenvolvidos são validados estatisticamente através da confirmação do valor 'P' próximo de zero, o que garante a estabilidade do modelo com um bom nível de confiança. Além disso, o R^2 , o desvio padrão e os valores médios obtidos são apresentados na tabela 64. O método da função de desejabilidade é uma técnica legítima utilizada para a otimização multiobjectivo [126]. O valor abrangente da função de desejabilidade é avaliado transformando a resposta de saída julgada numa contagem sem dimensão, como na tabela 67. O valor mais elevado entre várias funções de desejabilidade é suposto ser a solução óptima que implica um bom valor funcional do sistema.

4.6.1 Metodologia de superfície de resposta e ANOVA

Para estabelecer a relação entre as variáveis independentes e dependentes, é utilizada a ANOVA como ferramenta estatística. As tabelas 65 e 66 mostram os valores-P e os valores-F das variáveis dependentes e independentes. Nesta abordagem, o efeito interativo das variáveis é importante. Se uma resposta tiver um valor P muito próximo de zero, significa que o modelo desenvolvido tem um resultado superior.

Tabela 62. Factores e fases das variáveis de entrada.

Entradas	Unidades	Fases		
		1	2	3
CR	-	16	17	18
IP	bar	180	210	240
TI	^{0}bTDC	19	23	27
Mistura	v/v	10	20	30

Tabela 63. Projeto de experiências.

N.º de Expt.	Mistura v/v	CR	IP bar	TI ^{0}bTDC	BTE %	OCE MN KJ/KWh	CO %	CO_2 %	HC ppm	NOx ppm	Fumo %	EGT ^{0}C
1	10	16	210	23	15.79	22802.61	0.86	7.3	90	647	52.7	325.69
2	30	16	210	23	18.58	23383.69	0.79	8.5	75	750	22.9	328.24
3	10	18	210	23	15.4	21104.79	1.13	7.6	82	712	54.4	319.64
4	30	18	210	23	17.46	21295.45	0.79	8.3	69	758	36.5	308.17
5	20	17	180	19	17.28	21091.17	0.83	7.5	69	594	42.2	327.52
6	20	17	240	19	17.8	22089.89	0.98	8	73	648	46.9	341.21
7	20	17	180	27	17.67	20834.61	0.67	8.3	69	919	44.8	323.17
8	20	17	240	27	17.71	20226.04	0.79	8.3	67	845	10.9	320.14
9	10	17	210	19	17.06	20369.23	0.89	7.8	71	644	57	344.68
10	30	17	210	19	16.87	20324.49	0.9	7.9	79	578	43.2	331.79
11	10	17	210	27	16.91	18964.15	0.63	8.4	73	1023	46.9	321.6

12	30	17	21	27	17.24	19447.43	0.77	8.5	76	828	14.1	308.32
13	20	16	18	23	18.51	19577.20	0.73	7.1	63	595	37.2	315.63
14	20	18	18	23	18.39	23188.35	0.79	7.5	60	641	43.7	335.96
15	20	16	24	23	15.52	20436.36	1.29	8	82	526	13.9	351.24
16	20	18	24	23	17.62	18964.15	0.87	7.9	65	661	49.1	331.29
17	10	17	18	23	17.07	21022.55	0.87	7.7	75	775	12.5	339.26
18	30	17	18	23	18.72	21022.55	0.92	8.6	75	701	40.7	332.23
19	10	17	24	23	16.3	21581.90	0.9	7.9	76	698	51.8	322.83
20	30	17	24	23	16.24	20812.24	0.92	8	67	578	36.6	316.62
21	20	16	21	19	17.13	18964.15	0.99	8.3	72	600	46.5	337.15
22	20	18	21	19	17.12	19370.18	0.94	8.2	62	600	49.9	334.06
23	20	16	21	27	16.68	20616.73	0.73	8.9	72	813	34.7	326.96
24	20	18	21	27	17.3	21337.25	0.95	8.7	73	824	50	316.41
25	20	17	21	23	18.98	20886.37	0.93	8.2	66	650	43	398.31
26	20	17	21	23	18.98	19233.14	0.93	8.2	66	650	43	398.31
27	20	17	21	23	18.98	22163.87	0.93	8.2	66	650	43	398.31

Tabela 64. Avaliação do modelo de superfície de resposta.

Modelo	BTE	OCE MN	BSFC	CO	CO_2	HC	NOx	Fumo	EGT
Média	17.382	20782	0.46412	0.8785	8.0667	71.59	700.3	39.56	335.36
Desvio Std. Desvio	0.7886	1244.64	0.02206	0.1170	0.3511	5.8967	62.4690	10.8877	8.4376
Modelo Grau	Quadrática	Quadrática	Quadrática	Quadrática	Quadrática	Quadrática	Quadrática	Quadrática	Quadrática
R^2	0.8278	0.7861	0.7968	0.7522	0.7944	0.8195	0.8673	0.8205	0.9471
Adj. R^2	0.8103	0.7684	0.7798	0.7464	0.7578	0.7706	0.8425	0.7995	0.8853
Prever. R^2	0.7855	0.7232	0.7563	0.7328	0.7475	0.7534	0.8157	0.7724	0.8451

Tabela 65. Preditores de desempenho e respostas usando o modelo ANOVA.

Base	DF	Soma de quadrados BTE	Valor-F	Valor-P	Soma de quadrados OCEMN	Valor-F	Valor-P	Soma de quadrados CO	Valor-F	Valor-P	Soma de quadrados CO_2	Valor-F	Valor-P
Modelo	14	19.95	2.29	0.079	2158860	1	0.509	0.31	1.61	0.208	3.36	1.95	0.127
Linear	4	7.2	2.89	0.069	7310575	1.18	0.368	0.16	2.9	0.068	1.93	3.91	0.029
Mistura	1	3.63	5.84	0.033	1976631	1.28	0.281	0	0.22	0.648	0.8	6.5	0.026
CR	1	0.1	0.15	0.702	4319461	2.79	0.121	0	0.04	0.847	0	0.01	0.936
IP	1	3.47	5.58	0.036	2064440	0.13	0.721	0.07	5.38	0.039	0.16	1.33	0.272
TI	1	0.01	0.01	0.929	808043	0.52	0.484	0.08	5.97	0.031	0.96	7.82	0.016
Mistura*Mistura	1	7.93	12.76	0.004	9242127	0.6	0.455	0.01	0.65	0.436	0.04	0.33	0.576
CR*CR	1	5.19	8.34	0.014	1367235	0.88	0.366	0	0.16	0.694	0.07	0.55	0.474
IP*IP	1	1.73	2.78	0.121	39774	0.03	0.875	0	0.11	0.742	0.48	3.89	0.072
IT*IT	1	3.66	5.88	0.032	48896	0.03	0.862	0.03	2.39	0.148	0.21	1.73	0.213
Mistura*CR	1	0.13	0.22	0.651	110715	0.07	0.794	0.02	1.33	0.271	0.06	0.51	0.49
Mistura*IP	1	0.72	1.16	0.302	1212129	0.78	0.394	0	0.02	0.9	0.16	1.3	0.277
Mistura*IT	1	0.07	0.11	0.748	1101277	0.71	0.416	0	0.31	0.589	0	0	1
CR*IP	1	1.23	1.97	0.185	6375868	4.12	0.065	0.06	4.21	0.063	0.06	0.51	0.49
CR*IT	1	0.1	0.15	0.703	2559542	1.65	0.223	0.02	1.33	0.271	0	0.02	0.889
IP*IT	1	0.06	0.09	0.766	79474	0.05	0.825	0	0.02	0.9	0.06	0.51	0.49
Residual	10	7.46			40178278			0.16			1.48		
Total	26	27.42			21588660			0.47			4.84		

a) Efeito das variáveis de entrada no BTE

É uma indicação para a produção efectiva de energia eléctrica através da utilização da energia térmica fornecida. A Figura 47 representa o efeito das variáveis de entrada no BTE.

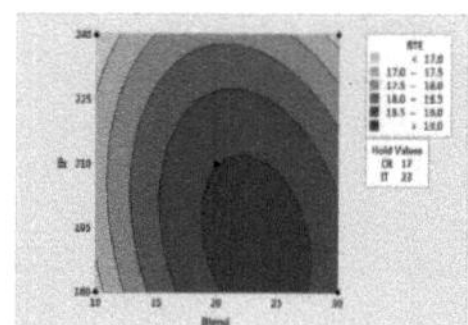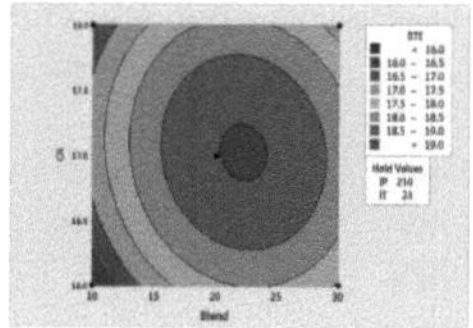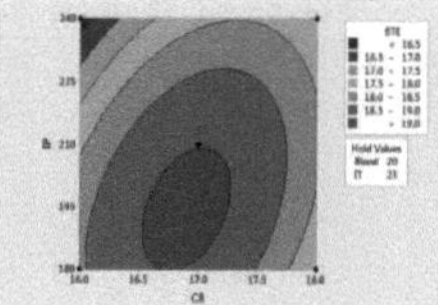

Fig. 47 Influência das variáveis de entrada no BTE

Tabela 66. Preditores de desempenho e respostas usando o modelo ANOVA.

Base	DF	Soma de quadrados	Valor-F	Valor-P	Soma de quadrados	Valor-F	Valor-P	Soma de quadrados	Valor-F	Valor-P	Soma de quadrados	Valor-F	Valor-P
		HC			NOx			Fumo			EGT		
Modelo	14	773.27	1.59	0.214	306107	5.6	0.002	3173.97	1.91	0.133	15285.4	15.34	0
Linear	4	241.83	1.74	0.206	229831	14.72	0	1632.36	3.44	0.043	1161.8	4.08	0.026
Mistura	1	56.33	1.62	0.227	7803	2	0.183	550.81	4.65	0.052	194.6	2.73	0.124
CR	1	154.08	4.43	0.057	5852	1.5	0.244	477.54	4.03	0.068	129.2	1.82	0.203
IP	1	30.08	0.87	0.371	6030	1.55	0.238	11.8	0.1	0.758	7.6	0.11	0.749
TI	1	1.33	0.04	0.848	210145	53.85	0	592.21	5	0.045	830.3	11.66	0.005
Mistura*Mistura	1	359.34	10.33	0.007	16084	4.12	0.065	20.63	0.17	0.684	8221.1	115.48	0
CR*CR	1	42.81	1.23	0.289	1316	0.34	0.572	3.48	0.03	0.867	6660.6	93.56	0
IP*IP	1	0.15	0	0.949	428	0.11	0.746	249.64	2.11	0.172	5463.5	76.74	0
IT*IT	1	15.56	0.45	0.516	36668	9.4	0.01	0.36	0	0.957	6540.6	91.87	0
Mistura*CR	1	1	0.03	0.868	812	0.21	0.656	35.4	0.3	0.595	49.1	0.69	0.423
Mistura*IP	1	20.25	0.58	0.46	529	0.14	0.719	470.89	3.97	0.069	0.2	0	0.962
Mistura*IT	1	6.25	0.18	0.679	4160	1.07	0.322	90.25	0.76	0.4	0	0	0.982
CR*IP	1	49	1.41	0.258	1980	0.51	0.49	205.92	1.74	0.212	405.7	5.7	0.034
CR*IT	1	30.25	0.87	0.369	30	0.01	0.931	35.4	0.3	0.595	13.9	0.2	0.666

110

Source													
IP*IT	1	9	0.26	0.62	4096	1.05	0.326	372.49	3.14	0.102	70	0.98	0.341
Residual	10	417.25			46829			1422.49			854.3		
Total	26	1190.52			352936			4596.47			16139.7		

Verifica-se que o valor BTE depende significativamente da percentagem de mistura e da pressão de injeção. O BTE mais elevado pode ser alcançado com uma percentagem de mistura entre 21-27,5 e uma pressão de injeção de 180 bar a 210 bar. Este facto é validado pela Tabela 65, que indica que os valores F para a mistura e a PI são 5,84 e 5,58, respetivamente, que são superiores aos valores F de IT e CR, que são 0,01 e 0,15, respetivamente. No máximo, todas as variáveis de entrada influenciam significativamente o BTE, uma vez que os valores de P são próximos de zero, exceto o IT, que tem pouca influência. Em todas as variáveis, observa-se que o efeito de segundo grau é significativo, juntamente com o TI. O coeficiente de correlação (valor estatístico da regressão) que mostra o grau de variabilidade das respostas previstas pelo modelo é de 0,8278, como se pode ver no Quadro 64. Em seguida, uma vez que a variação entre o R previsto^2 e o Adj R^2 para o BTE é de 0,0248, que é inferior a 0,2, mostra que os factos do modelo previsto são fiáveis. A relação quadrática final para o BTE é a seguinte:

$$BTE = -260 + 1.077\,Blend + 29.2\,CR - 0.015\,IP + 1.88\,IT -$$
$$0.01220\,Blend \times Blend - 0.986\,CR \times CR - 0.000633\,IP \times IP -$$
$$0.0518\,IT * IT - 0.0183\,Blend \times CR - 0.00142\,Blend \times IP +$$
$$0.00324\,Blend * IT + 0.0185\,CR \times IP + 0.0385\,CR \times IT -$$
$$0.00100\,IP \times IT$$

Tabela 67. Critérios de otimização e desejabilidade das respostas.							
Nome	Objetivo	Limite inferior	Limite superior	Peso inferior	Peso superior	Importância	Desejabilidade
CR	No interval o	16	18	1	1	1	1
IP	No interval o	180	240	1	1	1	1
TI	No interval o	19	27	1	1	1	1

		10	30	1	1	1	1
Mistura	No intervalo	10	30	1	1	1	1
BTE	Maximizar	15.396582	18.983	1	1	1	0.93859
OCEMN	Minimizar	18964.15	23383.69	1	1	1	0.69381
CO	Minimizar	0.63	0.630	1	1	1	0.90916
CO_2	Maximizar	7.1	8.900	1	1	1	0.62821
HC	Minimizar	60	60.000	1	1	1	0.67253
NOx	Minimizar	526	526.000	1	1	1	0.50942
Fumo	Minimizar	10.9	10.900	1	1	1	0.43127
EGT	Minimizar	308.17	308.170	1	1	1	0.99453

b) Influência das variáveis de entrada no BSEC

Indica a utilização da energia do combustível para gerar potência unitária. A Figura 48 mostra o efeito das variáveis de entrada no BSEC. Verifica-se que a CEEA depende significativamente do RC e da percentagem de mistura. O valor mais baixo de CEMN pode ser atingido com uma percentagem de mistura entre 18 e 30 e um RC entre 16 e 17. Pode ser validado utilizando o Quadro 65, que assinala que os valores F para a mistura e o RC são 2,79 e 1,28, respetivamente, que são superiores aos valores F para o TI e o PI, que são 0,52 e 0,13, respetivamente. Todas as variáveis de entrada influenciam significativamente o BSEC, uma vez que os valores de p são próximos de zero, exceto o PI. Verifica-se que a influência de segunda ordem de todas as variáveis contribui de forma significativa, incluindo o PI. O efeito interativo do CR e do IP é mais influente do que os outros efeitos interactivos. O coeficiente de regressão (R^2), que indica o grau de variabilidade dos resultados previstos pelo modelo, é de 0,7861, como se pode ver no Quadro 64. Uma vez que a variação entre Adj R^2 e Pred R^2 para o BSEC é de 0,0452, ou seja, inferior a 0,2, significa que os factos previstos pelo modelo são fiáveis. A relação quadrática final para o BSEC é a seguinte:

BSEC=246367 - 1177 Blend - 21186 CR - 734 IP + 3231 IT + 4.16 Blend^2+ 506 CR^2 - 0.096 IP^2 - 6.0 IT^2 + 16.6 Blend×CR + 1.83 Blend×IP + 13.1 Blend×IT + 42.1 CR×IP - 200 CR×IT + 1.17 IP×IT

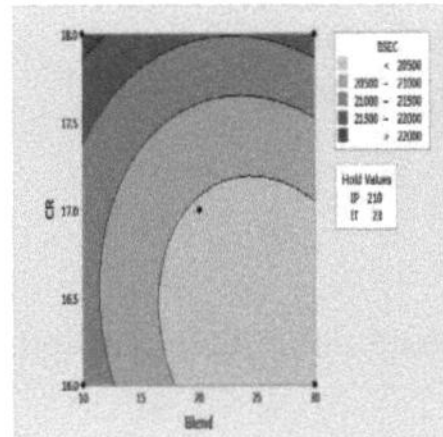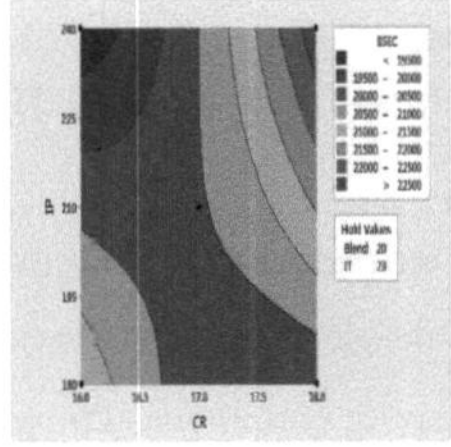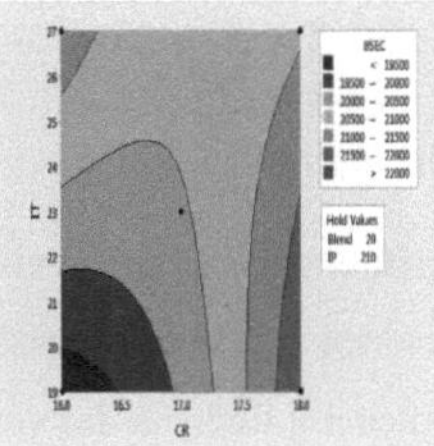

Fig. 48 Influência das variáveis de entrada no BSFC

c) Influência das variáveis de entrada na emissão de CO

A presença de CO no escape do motor indica uma combustão incompleta.

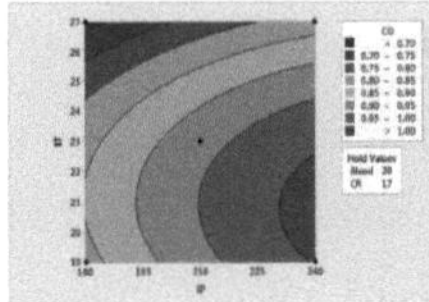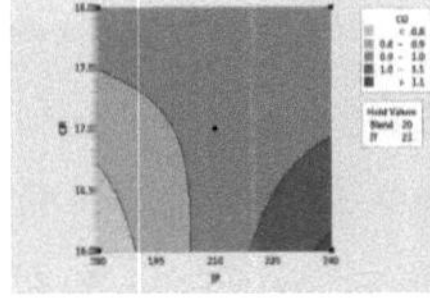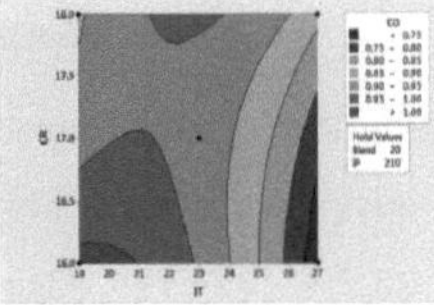

Fig. 49 Influência das variáveis de entrada nas emissões de CO

Deve haver um mínimo de emissões de CO durante a combustão. A figura 49 indica a influência dos parâmetros de controlo no escape de CO. Observa-se que o IT e o IP são as principais variáveis que influenciam a emissão de CO. O valor mais baixo das emissões de CO pode ser atingido com IP entre 180-185 bar e IT entre 26,7-27^0 bTDC. Isto pode ser verificado na Tabela 65, que indica que os valores F para IP e IT são 5,97 e 5,38, respetivamente, que são superiores aos valores F de CR e mistura%, que são 0,04 e 0,22, um para um. Todos os parâmetros independentes influenciam significativamente as emissões de CO, uma vez que os valores P são próximos de zero, exceto o RC, que tem comparativamente menos influência. Observa-se que a influência de segunda ordem do IT contribui mais do que as outras variáveis. O efeito interativo entre o IP e o CR é mais importante do que os outros. O valor R^2 do modelo de regressão quadrática, que indica o grau de variabilidade das respostas de produção, foi previsto em 0,7522, como se pode ver no Quadro 64. Como a diferença entre Adj R^2 e Predicted R^2 para a emissão de CO é 0,0136, que é inferior a 0,2, significa que os factos do modelo previsto são fiáveis. A relação quadrática final para as emissões de CO é:

$$CO = -6.9 + 0.116\,\text{Blend} - 0.10\,\text{CR} + 0.0805\,\text{IP} - 0.085\,\text{IT} -$$
$$0.000408\,\text{Blend} * \text{Blend} + 0.0204\,\text{CR} * \quad \text{CR} - 0.000019\,\text{IP} * \text{IP} -$$

0.00490 IT * IT − 0.00675 Blend * CR − 0.000025 Blend * IP +
0.00081 Blend * IT − 0.00400 CR * IP + 0.0169 CR * IT −
0.000063 IP * IT

d) Influência das variáveis de entrada na emissão de CO $_2$

A presença de CO_2 nas emissões de escape indica uma combustão completa. A Figura 50 indica a influência das variáveis de entrada nas emissões de CO_2 .

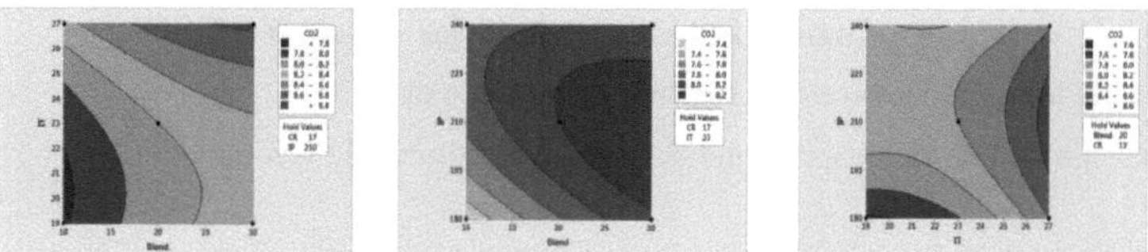

Fig. 50 Influência das variáveis de entrada nas emissões de CO_2

A combustão completa depende significativamente da % de mistura e do IT. É possível obter um valor mais elevado de emissão de CO_2 com % de mistura entre 26 e 30 e IT entre 26,8 e 27^0 bTDC. Isto pode ser verificado no Quadro 65, que indica que os valores F da mistura e do IT são 6,5 e 7,82, respetivamente, que são superiores aos valores F do IP e do CR, que são 1,33 e 0,01, respetivamente. Todas as variáveis de entrada influenciam significativamente as emissões de CO_2 , uma vez que os valores de P são próximos de zero. A influência do CR é comparativamente menor. Observa-se que a contribuição de segunda ordem de todas as variáveis é significativa. A influência de segunda ordem do IP é comparativamente mais significativa do que as outras. O valor de adequação R^2 , que indica o grau de variabilidade das respostas de produção justificado pelo modelo, é de 0,7944, como se pode ver no Quadro 64. Como a variância entre Adj R^2 e Pred R^2 para CO_2 é de 0,0103, que é inferior a 0,2, significa que os factos do modelo previsto são fiáveis. A relação quadrática final para as emissões de CO_2 é:

CO2 = −65.3 + 0.413 Blend + 5.10 CR + 0.252 IP − 0.179 IT −
0.00088 Blend * Blend − 0.113 CR * CR −   0.000333 IP * IP +
0.01250 IT * IT − 0.0125 Blend * CR − 0.000667 Blend * IP −
0.00000 Blend *   IT − 0.00417 CR * IP − 0.0062 CR * IT −
0.00104 IP * IT

e) Efeito dos factores de controlo na HC

As emissões de HC na saída do motor são um sinal de menor eficiência de combustão. Deve haver um mínimo de emissões de HC durante a combustão. A figura 51 indica a influência das variáveis de entrada nas emissões de HC. O valor das emissões de HC depende significativamente do RC e da % de mistura. Podem ser obtidas poucas emissões de HC utilizando um CR entre 17,3 e 17,8 e uma % de mistura entre 19 e 22. Isto pode ser verificado na Tabela 65, que indica que os valores F para % de mistura e CR são 1,62 e 4,43, respetivamente, que são superiores aos valores F de IT e IP, que são 0,04 e 0,87, respetivamente.

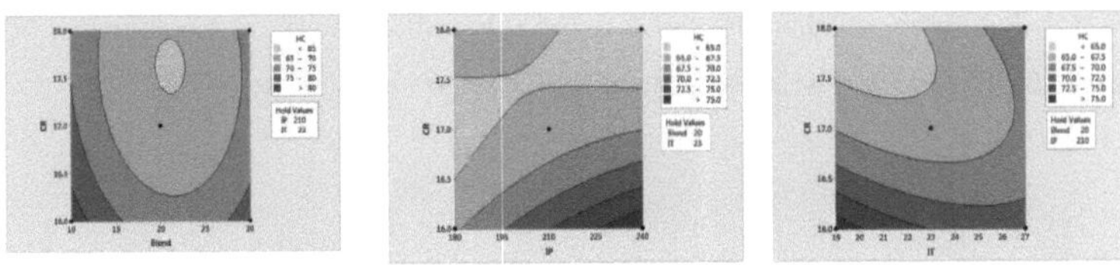

Fig. 51 Influência das variáveis de entrada no HC

Todas as variáveis de controlo influenciam significativamente as emissões de HC, uma vez que os valores de P são próximos de zero, exceto o IT. Observa-se que a influência de segunda ordem de todas as variáveis é dominante, com exceção do IP. A influência de segunda ordem da % de mistura é mais significativa do que as outras. O efeito interativo entre CR e IP é mais influente do que os outros. O coeficiente de regressão (R^2), que indica o grau de variabilidade das respostas, conforme avaliado pelo modelo, é de 0,8195, como mostra a Tabela 64. Como a diferença entre Adj R^2 e Predicted R^2 para BTE é 0,0172, menor que 0,2 significa que os dados do modelo previstos são uniformes. O modelo quadrático final para as emissões de HC obtido é:

$$HC = 781 - 2.06\,\text{Blend} - 92.2\,\text{CR} + 2.55\,\text{IP} - 13.3\,\text{IT} + 0.0821\,\text{Blend} \times \text{Blend} + 2.83\,\text{CR} \times \text{CR} - 0.00019\,\text{IP} \times \text{IP} + 0.107\,\text{IT} \times \text{IT} + 0.050\,\text{Blend} \times \text{CR} - 0.00750\,\text{Blend} \times \text{IP} - 0.0312\,\text{Blend} \times \text{IT} - 0.1167\,\text{CR} \times \text{IP} + 0.688\,\text{CR} \times \text{IT} - 0.0125\,\text{IP} \times \text{IT}$$

f) Influência das variáveis de entrada na emissão de NOx

Os NOx gerados durante a combustão são nocivos para a natureza. As emissões de NOx têm de ser mínimas. A figura 52 mostra o efeito dos factores de controlo nas emissões de NOx. As emissões de NOx dependem principalmente do IT e da % de mistura. As menores emissões de NOx podem ser atingidas com a % de mistura entre 18-22 e o IT entre 19-20,5° BTDC. Isto pode ser verificado no Quadro 66, que indica que os valores F para a % de mistura e o IT são 2,0 e 53,85, respetivamente, que são superiores aos valores F do IP e do CR, que são 1,55 e 1,5, respetivamente. Todas as variáveis de controlo contribuem significativamente para as emissões de NOx, uma vez que os valores de P são próximos de zero. Observa-se que a influência do IT é maior nas emissões de NOx. Observa-se que a influência de segunda ordem de todas as variáveis de entrada é significativa. A influência de segunda ordem do IT e do CR é comparativamente mais dominante do que as outras. O coeficiente de regressão (R^2), que indica o grau de variabilidade das respostas de saída previstas pelo modelo, é de 0,8673, como se pode ver no Quadro 64. A diferença entre o Adj R^2 e o Pred R^2 para o NOx é de 0,0268, ou seja, inferior a 0,2, o que indica que os factos julgados pelo modelo são fiáveis. A relação quadrática final para as emissões de NOx é:

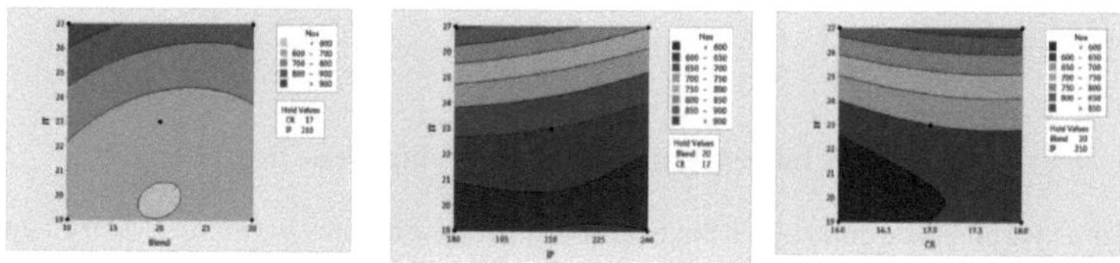

Fig.52 Influência das variáveis de entrada no NOx

NOx = -1684 + 26.3 Blend + 413 CR $-$ 2.3 IP $-$ 145 IT + 0.549 Blend $\times$ Blend $-$ 15.7 CR $\times$ CR $-$ 0.0100 IP $\times$ IP + 5.18 IT $\times$ IT $-$ 1.43 Blend $\times$ CR $-$ 0.038 Blend $\times$ IP $-$ 0.806 Blend $\times$ IT + 0.74 CR $\times$ IP + 0.69 CR $\times$ IT $-$ 0.267 IP $\times$ IT

g) Efeito dos factores de controlo nas emissões de fumo

A opacidade do fumo deve ser mínima. É maior com cargas mais elevadas ou quando a mistura é rica.

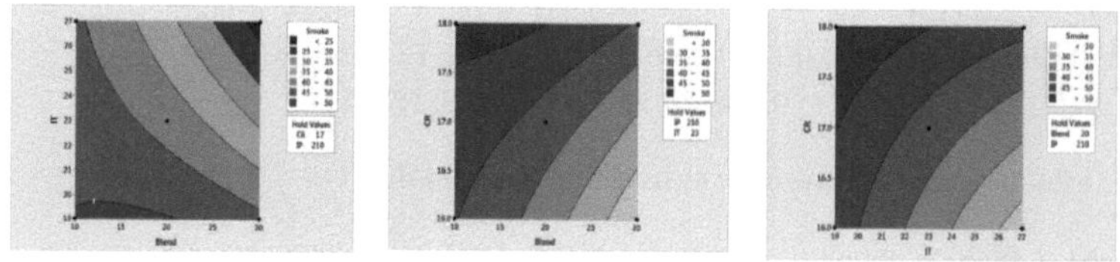

Fig. 53 Influência das variáveis de entrada no fumo

A figura 53 indica a influência dos parâmetros de controlo nos fumos. A opacidade dos fumos depende significativamente do IT e da % de mistura. Para minimizar a opacidade dos fumos, recomenda-se uma % de mistura entre 28-30 e um IT entre 26 e 27^0 BTDC. Isto pode ser validado a partir da Tabela 66, que indica que os valores F para o IT e a % de mistura são 5,0 e 4,65, respetivamente, que são superiores aos valores F do IP e do CR, que são 0,1 e 4,03, respetivamente. Todas as variáveis de entrada afectam fortemente as emissões de fumo, uma vez que os valores P são próximos de zero, com exceção do IP. A influência de segunda ordem de todas as variáveis é considerada importante. A influência de segunda ordem do IP é mais importante do que as outras. O efeito de interação de IP e IT é mais significativo do que os outros. O coeficiente de regressão (R^2), que indica o grau de variabilidade das variáveis dependentes estimado pelo modelo, é de 0,8205, como se pode ver no quadro 64. Como a diferença entre Adj R^2 e Pred R^2 para % de fumo é de 0,0271, que é inferior a 0,2, significa que os factos do modelo estimado são fiáveis. A relação quadrática final para as emissões de fumo é:

$$\text{Smoke} = 547 + 5.4\,\text{Blend} - 94\,\text{CR} + 1.67\,\text{IP} + 4.1\,\text{IT} - 0.0197\,\text{Blend} \times \text{Blend} + 0.81\,\text{CR} \times \text{CR} - 0.00760\,\text{IP} \times \text{IP} + 0.016\,\text{IT} \times \text{IT} + 0.298\,\text{Blend} \times \text{CR} - 0.0362\,\text{Blend} \times \text{IP} - 0.119\,\text{Blend} \times \text{IT} + 0.239\,\text{CR} \times \text{IP} + 0.74\,\text{CR} \times \text{IT} - 0.0804\,\text{IP} \times \text{IT}$$

h) Influência das variáveis de entrada no EGT

A temperatura dos gases de escape é um parâmetro importante que influencia as emissões de NOx e a eficiência da combustão.

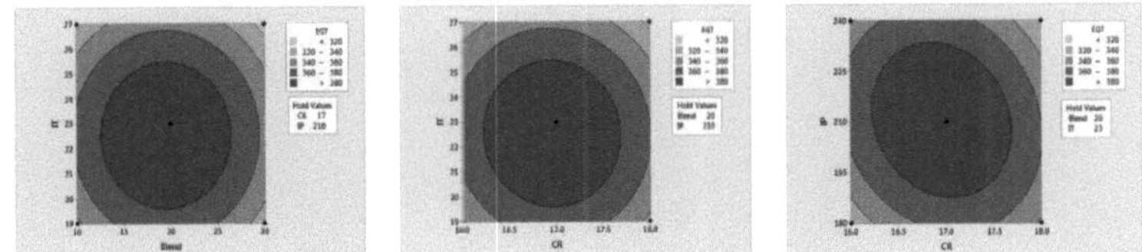

Fig. 54 Influência das variáveis de entrada no EGT

A figura 54 indica a influência das variáveis de controlo no EGT. O valor do EGT depende principalmente da % de mistura e do IT. O menor valor de EGT pode ser obtido com o IT entre 26-27^0 bTDC e a % de mistura entre 28-30%. Este facto pode ser validado no quadro 66, que indica que os valores F para a % de mistura e o IT são 2,73 e 11,66, respetivamente, sendo superiores aos valores F do IP e do CR, que são 0,11 e 1,82, respetivamente. O IT afecta de forma dominante o EGT, uma vez que o valor P é de 0,05, próximo de zero. Verifica-se que a influência do PI é comparativamente menor na EGT. Observa-se que a influência de segunda ordem de todas as variáveis é importante, uma vez que o valor P é igual a zero. A influência de segunda ordem da % de mistura é mais importante do que as outras, uma vez que o valor F é 115,48 superior ao das outras variáveis. O efeito de interação de IP e CR é mais importante do que o efeito de interação de outros factores. O coeficiente de regressão estatística (R^2), que indica o grau de variabilidade das variáveis dependentes estimado pelo modelo, é de 0,9471, como se pode ver no quadro 64. Além disso, uma vez que a diferença entre Adj R^2 e Pred R^2 para EGT é de 0,0402, ou seja, inferior a 0,2, significa que os factos do modelo estimado são fiáveis. A relação quadrática final para EGT é :

$$EGT = -14258 + 21.17\,\text{Blend} + 1286\,\text{CR} + 21.46\,\text{IP} + 113.9\,\text{IT} -$$
$$0.3926\,\text{Blend} \times \text{Blend} - 35.34\,\text{CR} \times \text{CR} - 0.03556\,\text{IP} \times \text{IP} - 2.189\,\text{IT} \times \text{IT} -$$
$$0.350\,\text{Blend} \times \text{CR} + 0.0007\,\text{Blend} \times \text{IP} - 0.002\,\text{Blend} \times \text{IT} -$$
$$0.336\,\text{CR} \times \text{IP} - 0.47\,\text{CR} \times \text{IT} - 0.0349\,\text{IP} \times \text{IT}$$

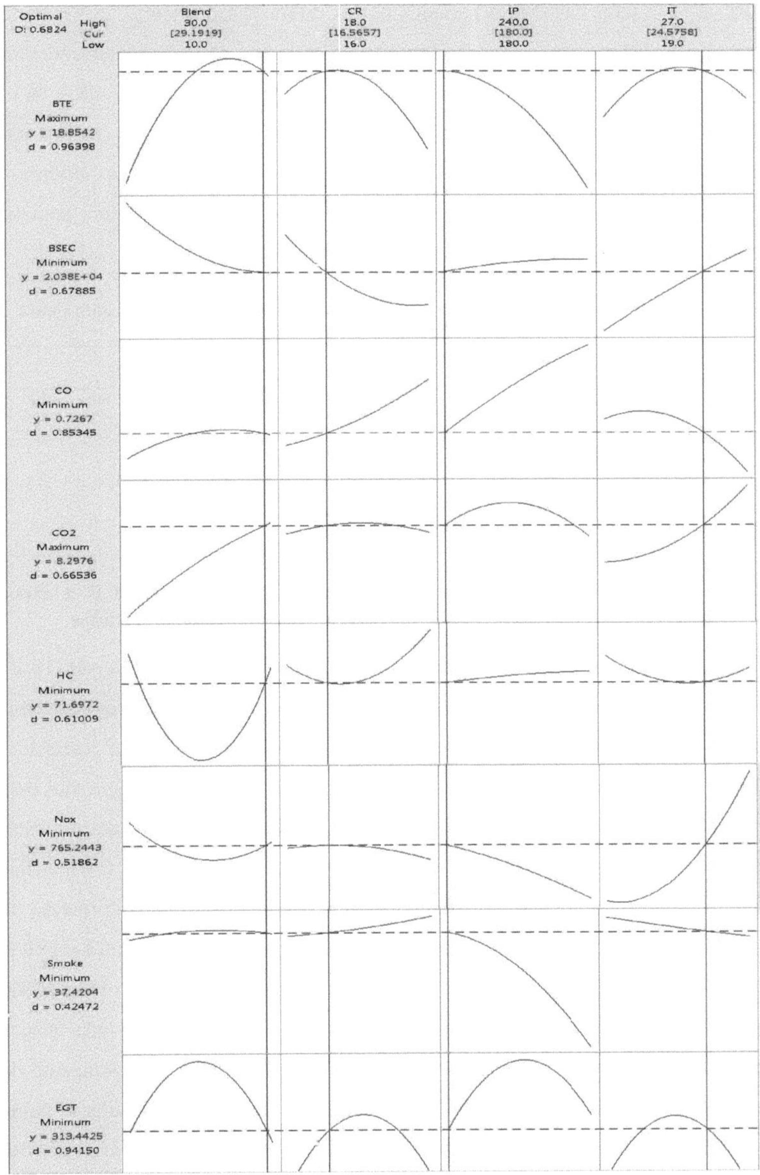

Fig. 55 Otimização prevista pelo RSM das variáveis dependentes e independentes

4.6.2 Otimização e justificação

Para otimizar as variáveis de funcionamento do motor e a percentagem de mistura com maior desempenho térmico e menores emissões, foi utilizada a abordagem RSM. A

Tabela 67 apresenta os critérios para otimizar as variáveis dependentes. A Figura 55 apresenta os dados optimizados das variáveis de entrada e de saída, juntamente com os valores desejáveis. Com base nos resultados estimados para IP, IT, CR e % de mistura, a experiência adicional foi repetida três vezes e os valores médios são fornecidos. De acordo com a Tabela 68, observa-se que os resultados da experiência e os resultados previstos das respostas de saída estão próximos uns dos outros, com um erro máximo de 4,85%, o que garante que os modelos RSM são eficazes.

Tabela 68. Confirmação dos valores óptimos previstos e experimentais utilizando a abordagem RSM.

	Parâmetros				Respostas							
	Mistura	CR	IP	TI	BTE	OCEMN	CO	CO$_2$	HC	NOx	Fumo	EGT
Previsto	29.19	16.57	180	24.58	18.9	2038 0	0.7	8.3	71.7	765.2	37.4	313.4
Experimental	29	17	180	25	18.9	2034 0	0.7	8.5	69	771	36.3	319.2
Erro %					0.5	0.2	5.1	1.8	3.8	0.8	3.0	1.8

4.7 Abordagem RSM para otimizar os parâmetros do motor VCR a diesel utilizando biodiesel de berbigão misturado com biodiesel de karanja

A otimização multi-objetivo é a utilização da abordagem RSM. A versão 19 do software Minitab é utilizada para a análise RSM. As variáveis operacionais e os seus estádios de variância são os indicados na tabela 69. As experiências são concebidas utilizando o método Box-Behnken. Os valores das respostas de saída registados para experiências múltiplas são os indicados na tabela 70. Para a modelação das respostas de saída, é utilizada a análise de regressão com função polinomial. Os modelos quadráticos desenvolvidos são validados estatisticamente através da confirmação do valor 'P' próximo de zero, o que garante a estabilidade do modelo com um bom nível de confiança. Além disso, o R^2 , o desvio padrão e os valores médios obtidos são apresentados na tabela 73. O método da função de desejabilidade é uma técnica legítima utilizada para a otimização multiobjectivo [126]. O valor abrangente da função de desejabilidade é avaliado transformando a resposta de saída julgada numa contagem sem dimensão, como na tabela 74. O valor mais elevado entre várias funções de desejabilidade é suposto ser a solução óptima que implica um bom valor funcional do sistema.

4.7.1 RSM e ANOVA

A fim de prever a relação entre os parâmetros dependentes e independentes, é utilizada uma ferramenta estatística ANOVA. As tabelas 72 e 73 mostram os valores-F e os valores-P das variáveis dependentes e independentes. Neste esquema, o efeito interativo dos parâmetros é importante. Se um parâmetro tiver um valor P muito próximo de zero, significa que o modelo desenvolvido está a ter um resultado superior.

Tabela 69. Factores e fases das variáveis de entrada.

Entradas	Unidades	Fases		
		1	**2**	**3**
CR	-	16	17	18
IP	bar	180	210	240
TI	^{0}bTDC	19	23	27
Mistura	v/v	10	20	30

Tabela 70. Projeto de experiências.

N.º de Expt.	Mistura v/v	CR	IP bar	TI ^{0}bTDC	BTE %	BSFC Kg/KWh	CO %	CO$_2$ %	HC ppm	NOx ppm	Fumo %	EGT ^{0}C
1	10	16	210	23	14.86	0.6056	0.95	7.8	97	830	14.2	315.332
2	30	16	210	23	15.19	0.5876	0.84	8.2	98	746	56.6	320.327
3	10	18	210	23	13.34	0.6743	1.6	7.6	112	756	62.5	333.943
4	30	18	210	23	16.05	0.5547	1.01	8	103	750	73	322.616
5	20	17	180	19	13.93	0.6432	1.56	7.4	120	630	75.4	344.304
6	20	17	240	19	14.71	0.6091	1.96	8.2	149	634	80.9	330.723
7	20	17	180	27	15.55	0.5765	1.03	8.3	110	1042	13	341.819
8	20	17	240	27	14.63	0.6127	1.02	8	103	947	53.8	320.14
9	10	17	210	19	14.51	0.6202	1.2	8.1	107	853	56	325.393
10	20	17	210	23	16.92	0.5298	1.34	9	110	1079	81.4	403.25
11	30	17	210	19	15.14	0.5896	1.07	7.9	116	605	78.6	331.074
12	10	17	210	27	14.93	0.6025	1.26	8.7	124	1011	70.5	329.729
13	30	17	210	27	15.23	0.586	0.92	7.9	104	876	57	322.293
14	20	16	180	23	15.53	0.5771	0.85	7.9	94	906	57.6	342.986
15	20	18	180	23	13.89	0.6452	1.55	7.8	109	843	12.3	344.209
16	20	16	240	23	15.17	0.5908	0.77	8.2	97	918	50.3	339.261
17	20	18	240	23	15.42	0.5811	1.54	8	113	818	68.2	338.9
18	10	17	180	23	15.56	0.5783	0.96	8.4	96	1101	62.6	328.601
19	30	17	180	23	15.03	0.594	1.18	8.1	108	905	10.5	346.42

20	20	17	210	23	16.92	0.5298	1.34	9	110	1079	81.4	403.25
21	10	17	240	23	15.37	0.5853	1.45	7.7	110	835	69.4	326.768
22	30	17	240	23	14.64	0.6095	1.17	7.9	109	820	61.4	326.002
23	20	16	210	19	14.48	0.619	1.22	8.1	114	677	60.6	334.34
24	20	18	210	19	13.86	0.6468	2.13	6.9	120	513	67.8	328.199
25	20	16	210	27	15.58	0.5753	0.84	8.7	111	980	11.2	318.181
26	20	18	210	27	15.47	0.5793	1.29	8	111	892	59.8	311.224
27	20	17	210	23	16.92	0.5298	1.34	9	110	1079	81.4	403.25

a) Influência das variáveis de entrada no BTE

Indica a utilização efectiva da energia fornecida para criar potência de saída. A Figura
56 mostra a influência das variáveis de entrada no BTE. Verifica-se que o valor de
BTE depende principalmente do tempo de injeção e da percentagem de mistura. O
valor mais elevado de BTE pode ser obtido com uma percentagem de mistura entre
15-27 e um tempo de injeção entre $21,5^0$ bTDC e 26^0 bTDC. Isto pode ser validado a
partir da Tabela 71, que mostra que os valores F para IT e mistura são 6,16 e 2,04,
respetivamente, que são superiores aos valores F de CR e IP, que são 2,02 e 0,06
separadamente.

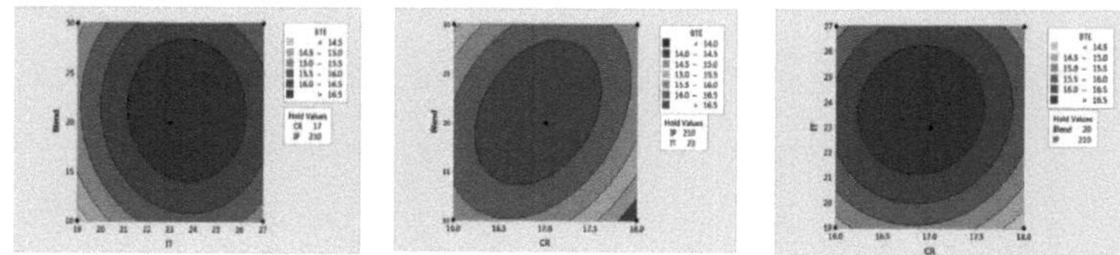

Fig. 56 Influência das variáveis de entrada no BTE

O IT é o principal parâmetro de influência, uma vez que o valor p é mais próximo de
zero. A injeção avançada produz temperaturas de combustão elevadas, o que permite
uma combustão completa e, por conseguinte, um maior BTE. Todas as variáveis
independentes influenciam significativamente o BTE, exceto a pressão de injeção, que
tem comparativamente menos influência. O resultado de segunda ordem de todas as
variáveis autónomas é significativo, incluindo a pressão de injeção. O valor estatístico
da regressão (R^2), que indica a gradação da variabilidade dos parâmetros dependentes,
tal como previsto pelo modelo, é de 0,9237, de acordo com o Quadro 73.

Tabela 71. Preditores de desempenho e respostas usando o modelo ANOVA.

Base	DF	Soma de quadrados	Valor-F	Valor-P	Soma de quadrados	Valor-F	Valor-P	Soma de quadrados	Valor-F	Valor-P	Soma de quadrados	Valor-F	Valor-P
		BTE			BSFC			CO			CO_2		
Modelo	14	17.18	4.00	0.01	0.03	3.59	0.02	2.44	4.10	0.01	4.65	2.88	0.04
Linear	4	3.15	2.57	0.09	0.01	3.04	0.06	1.93	11.37	0.00	1.32	2.86	0.07
Mistura	1	0.62	2.04	0.18	0.00	3.37	0.09	0.13	2.97	0.11	0.01	0.07	0.80
CR	1	0.62	2.02	0.18	0.00	2.55	0.14	1.11	26.16	0.00	0.56	4.88	0.05
IP	1	0.02	0.06	0.81	0.00	0.11	0.75	0.05	1.19	0.30	0.00	0.01	0.93
TI	1	1.89	6.16	0.03	0.00	6.15	0.03	0.64	15.17	0.00	0.75	6.50	0.03
Mistura*Mistura	1	4.25	13.87	0.00	0.01	10.35	0.01	0.20	4.66	0.05	1.10	9.54	0.01
CR*CR	1	5.54	18.09	0.00	0.01	14.75	0.00	0.03	0.62	0.45	1.87	16.19	0.00
IP*IP	1	4.81	15.70	0.00	0.01	11.62	0.01	0.00	0.02	0.88	1.36	11.75	0.01
IT*IT	1	6.78	22.12	0.00	0.01	17.12	0.00	0.01	0.24	0.63	1.16	10.07	0.01
Mistura*CR	1	1.46	4.76	0.05	0.00	4.98	0.05	0.06	1.36	0.27	0.00	0.00	1.00
Mistura*IP	1	0.01	0.03	0.86	0.00	0.03	0.86	0.06	1.47	0.25	0.06	0.54	0.48
Mistura*IT	1	0.03	0.09	0.77	0.00	0.10	0.76	0.01	0.26	0.62	0.09	0.78	0.39
CR*IP	1	0.89	2.92	0.11	0.00	2.91	0.11	0.00	0.03	0.87	0.00	0.02	0.89
CR*IT	1	0.07	0.22	0.65	0.00	0.27	0.61	0.05	1.25	0.29	0.06	0.54	0.48
IP*IT	1	0.72	2.36	0.15	0.00	2.39	0.15	0.04	0.99	0.34	0.30	2.62	0.13
Residual	12	3.68			0.01			0.51			1.38		
Total	26	20.86			0.03			2.95			6.03		

Tabela 72. Preditores de desempenho e respostas usando o modelo ANOVA.

Base	DF	Soma de quadrados	Valor-F	Valor-P	Soma de quadrados	Valor-F	Valor-P	Soma de quadrados	Valor-F	Valor-P	Soma de quadrados	Valor-F	Valor-P
		HC			NOx			Fumo			EGT		
Modelo	14	2343.7	2.8	0.0	5919 57	8.4	0.0	10242.0	2.2	0.1	15887.2	21.8	0.00
Linear	4	768.2	3.2	0.1	3567 50	17.7	0.0	4639.5	3.5	0.0	595.7	2.9	0.07

	DF												
Mistura	1	5.3	0.1	0.8	38988	7.8	0.0	0.3	0.0	1.0	6.7	0.1	0.73
CR	1	270.8	4.5	0.1	19602	3.9	0.1	722.3	2.2	0.2	6.3	0.1	0.74
IP	1	161.3	2.7	0.1	17252	3.4	0.1	1940.6	5.9	0.0	369.0	7.1	0.02
TI	1	330.8	5.5	0.0	280908	55.8	0.0	1976.3	6.0	0.0	213.8	4.1	0.07
Mistura*Mistura	1	98.2	1.6	0.2	61252	12.2	0.0	547.2	1.7	0.2	8825.4	169.2	0.00
CR*CR	1	128.9	2.1	0.2	144394	28.7	0.0	2112.9	6.5	0.0	7722.1	148.1	0.00
IP*IP	1	0.0	0.0	1.0	24873	4.9	0.0	1585.5	4.8	0.0	4173.7	80.0	0.00
IT*IT	1	416.2	6.9	0.0	137673	27.4	0.0	393.7	1.2	0.3	8348.2	160.1	0.00
Mistura*CR	1	25.0	0.4	0.5	1521	0.3	0.6	254.4	0.8	0.4	66.6	1.3	0.28
Mistura*IP	1	42.3	0.7	0.4	8190	1.6	0.2	486.2	1.5	0.2	86.4	1.7	0.22
Mistura*IT	1	210.3	3.5	0.1	3192	0.6	0.4	325.8	1.0	0.3	43.0	0.8	0.38
CR*IP	1	0.3	0.0	1.0	342	0.1	0.8	998.6	3.1	0.1	0.6	0.0	0.91
CR*IT	1	9.0	0.2	0.7	1444	0.3	0.6	428.5	1.3	0.3	0.2	0.0	0.96
IP*IT	1	324.0	5.4	0.0	2450	0.5	0.5	311.5	0.95	0.35	16.4	0.3	0.59
Residual	12	722.4			60390			3933.8			625.9		
Total	26	3066.1			652347			14175.80			16513.10		

Tabela 73. Avaliação do modelo de superfície de resposta.

Modelo	BTE	BSFC	CO	CO_2	HC	NOx	Fumo	EGT
Média	15.143	0.59383	1.2367	8.1037	109.81	856.5	56.57	338.24
Desvio Std. Desvio	0.55357	0.02277	0.20602	0.33963	7.75896	70.9401	18.1057	7.22207
Modelo Grau	Quadrática	Quadrática	Quadrática	Quadrática	Quadrática	Quadrática	Quadrática	Quadrática
R^2	0.9273	0.8973	0.8272	0.8704	0.8644	0.9074	0.8225	0.9621
Adj. R^2	0.8932	0.8676	0.8053	0.8226	0.8395	0.8694	0.7987	0.9179
Prever. R^2	0.8284	0.8282	0.7486	0.766	0.7834	0.8168	0.7535	0.8817

Além disso, como a variância entre Adj R^2 e Predicted R^2 para BTE é 0,0648, que é inferior a 0,2, significa que os factos do modelo previsto são fiáveis. A relação quadrática final para o BTE é a seguinte

$$BTE = -293.6 - 0.565\,\text{Blend} + 29.18\,\text{CR} + 0.261\,\text{IP} + 3.58\,\text{IT} - 0.00893\,\text{Blend}^2 - 1.019\,\text{CR}^2 - 0.001055\,\text{IP}^2 - 0.0705\,\text{IT}^2 + 0.0604\,\text{Blend} \times$$

$$CR - 0.000161 \text{ Blend} \times IP - 0.00208 \text{ Blend} \times IT + 0.01575 \, CR \times IP + 0.0322 \, CR \times IT - 0.00354 \, IP \times IT$$

Tabela 74. Critérios de otimização e desejabilidade das respostas.

Nome	Objetivo	Limite inferior	Limite superior	Peso inferior	Peso superior	Importância	Desejabilidade
CR	No intervalo	16	18	1	1	1	1
IP	No intervalo	180	240	1	1	1	1
TI	No intervalo	19	27	1	1	1	1
Mistura	No intervalo	10	30	1	1	1	1
BTE	Maximizar	13.3439	16.915376	1	1	1	0.60935
BSFC	Minimizar	0.529825	0.674339	1	1	1	0.67828
CO	Minimizar	0.77	2.13	1	1	1	0.92499
CO_2	Maximizar	6.9	9	1	1	1	0.67421
HC	Minimizar	94	149	1	1	1	0.73633
NOx	Minimizar	513	1101	1	1	1	0.25273
Fumo	Minimizar	10.5	81.4	1	1	1	0.90872
EGT	Minimizar	311.224	403.25	1	1	1	1

b) Influência das variáveis de entrada no BSFC

Isto indica uma utilização efectiva da energia do combustível. A Figura 57 mostra o efeito dos factores de controlo no BSFC.

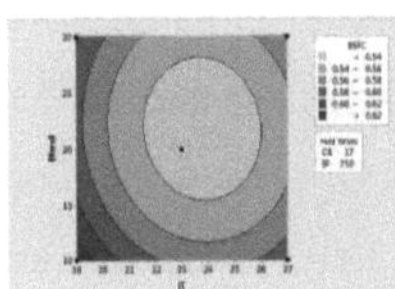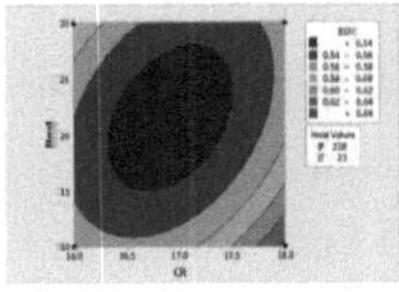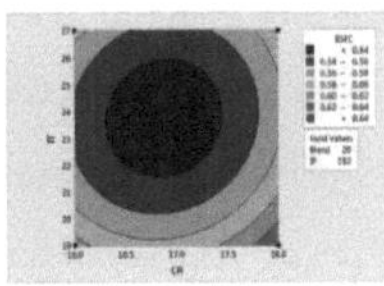

Fig. 57 Influência das variáveis de entrada no BSFC

Verifica-se que o valor do BSFC depende principalmente da percentagem de mistura e do IT. O valor mais baixo de BSFC pode ser obtido com a percentagem de mistura entre 16 e 27% e 22-26 TDC^0. Isto pode ser validado a partir da Tabela 71, que mostra que os valores F para TI e mistura são 6,15 e 3,37, respetivamente, que são mais elevados do que os valores F para CR e IP, que são 2,55 e 0,11, respetivamente. O IT é a variável que mais contribui. A percentagem de mistura é a segunda variável que contribui. À medida que a percentagem de mistura aumenta, o poder calorífico aumenta, pelo que o BSFC diminui. Quase todas as variáveis independentes influenciam de forma dominante o BSFC, uma vez que os valores de P são próximos de zero. A pressão de injeção tem comparativamente menos influência. Verifica-se que o efeito de segunda ordem de todos os parâmetros é significativo, incluindo a pressão de injeção. O coeficiente de regressão (R^2), que indica o grau de variabilidade dos parâmetros dependentes previsto pelo modelo, é de 0,8973, de acordo com a Tabela 73. Além disso, como a diferença entre Adj R^2 e Predicted R^2 para BSFC é de 0,0394, que é inferior a 0,2, verifica-se que os factos do modelo previsto são fiáveis. A relação quadrática final para o BSFC é a seguinte

$$BSFC = 11.57 + 0.0258\,Blend - 1.056\,CR - 0.00826\,IP - 0.1286\,IT + 0.000317\,Blend^2 + 0.03787\,CR^2 + 0.000037\,IP^2 + 0.002550\,IT^2 - 0.00254\,Blend \times CR + 0.000007\,Blend \times IP + 0.000088\,Blend \times IT - 0.000648\,CR \times IP - 0.00149\,CR \times IT + 0.000147\,IP \times IT$$

c) Influência das variáveis de entrada na emissão de CO

A presença de monóxido de carbono durante as emissões de escape do motor é uma indicação de combustão incompleta.

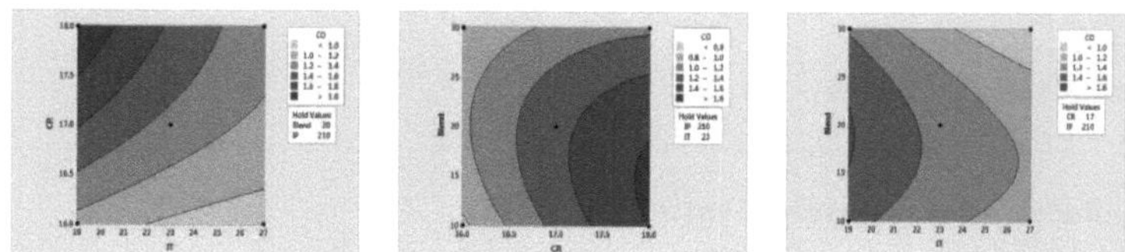

Fig. 58 Influência das variáveis de entrada nas emissões de CO

As emissões de monóxido de carbono durante a combustão devem ser mínimas. Figura 58, influência das variáveis de entrada na emissão de CO. Verifica-se que o CR e o IT são os principais factores que influenciam a emissão de CO. O valor mínimo das emissões de CO pode ser obtido com um RC entre 16-16,3 e um tempo de injeção entre 22-27^0 bTDC. Isto pode ser validado a partir da Tabela 71, que mostra que os valores F para IT e RC são 15,17 e 26,16, respetivamente, que são superiores aos valores F da mistura% e IP, que são 2,97 e 1,19, respetivamente. O CR é a principal variável de influência, sendo o IT a segunda variável de influência. A injeção avançada produz temperaturas de combustão elevadas, reduzindo assim as emissões de CO. Quase todas as variáveis independentes influenciam de forma dominante as emissões de CO, uma vez que os valores de P- estão mais próximos de zero. A pressão de injeção tem comparativamente menos influência. O resultado de segunda ordem da percentagem de mistura tem mais peso do que os outros parâmetros. O valor R^2 do modelo de regressão quadrática, que indica o grau de variabilidade dos parâmetros dependentes, foi previsto como sendo 0,8272, de acordo com a Tabela 73. Além disso, como a diferença entre Adj R^2 e Predicted R^2 para a emissão de CO é 0,0567, o que é inferior a 0,2, significa que os factos do modelo previsto são fiáveis. A relação quadrática final para as emissões de CO é obtida como sendo:

$$CO = -42.7 + 0.388\,Blend + 3.46\,CR + 0.0266\,IP + 0.511\,IT -$$
$$0.001925\,Blend^2 - 0.0700\,CR^2 - 0.000015\,IP^2 + 0.00273\,IT^2 -$$
$$0.0120\,Blend \times CR - 0.000417\,Blend \times IP - 0.00131\,Blend \times IT +$$
$$0.00058\,CR \times IP - 0.0288\,CR \times IT - 0.000854\,IP \times IT$$

d) Influência das variáveis de entrada na emissão de CO $_2$

A presença de CO_2 nas emissões de escape do motor diesel é um sinal positivo, pois indica uma combustão completa. A figura 59 mostra a influência das variáveis de entrada nas emissões de CO_2 . A emissão de CO_2 depende principalmente da taxa de compressão e do tempo de injeção. O valor mais elevado da emissão de CO_2 pode ser obtido com uma taxa de compressão entre 16,7 e 17,1 e um tempo de injeção entre 23-25^0 bTDC.

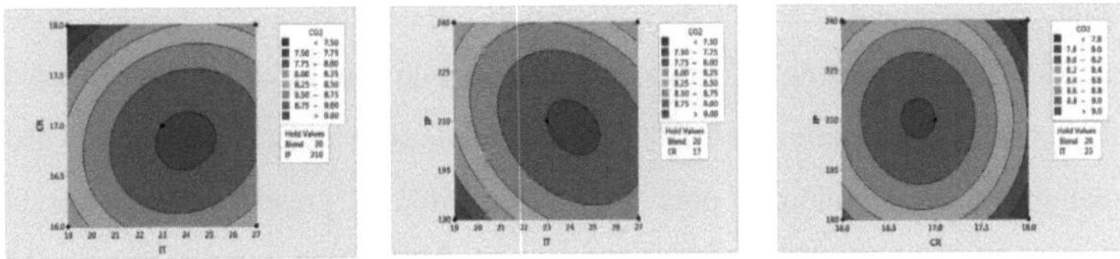

Fig. 59 Influência das variáveis de entrada nas emissões de CO_2

Isto pode ser validado a partir do Quadro 71, que mostra que os valores F para TI e RC são 6,5 e 4,88, respetivamente, que são mais elevados do que os valores F da mistura% e PI, que são 0,07 e 0,01, respetivamente. O IT é o parâmetro mais influente. Quase todas as variáveis independentes influenciam de forma dominante as emissões de CO_2 , uma vez que os valores P estão mais próximos de zero. A pressão de injeção tem comparativamente menos influência. O efeito de segunda ordem de todos os parâmetros é considerado significativo. O efeito de segunda ordem da taxa de compressão é comparativamente mais significativo do que os outros parâmetros. O valor de ajuste da regressão R^2, que especifica o grau de variabilidade dos parâmetros dependentes previsto pelo modelo, é 0,8704, de acordo com o Quadro 73. Além disso, como a diferença entre $AdjR^2$ e $Predicted\ R^2$ para CO_2 é de 0,0566, o que é inferior a 0,2, indica que os factos do modelo previsto são fiáveis. A relação quadrática final para as emissões de CO_2 é:

$$CO2 = -203.5 + 0.178\ Blend + 19.36\ CR + 0.294\ IP + 1.429\ IT - 0.00454\ Blend^2 - 0.592\ CR^2 - 0.000560\ IP^2 - 0.02917\ IT^2 + 0.0000\ Blend \times CR + 0.000417\ Blend \times IP - 0.00375\ Blend \times IT - 0.00083\ CR \times IP + 0.0313\ CR \times IT - 0.00229\ IP \times IT$$

e) Influência das variáveis de entrada no HC

As emissões de HC nos gases de escape indicam uma menor eficiência da combustão.

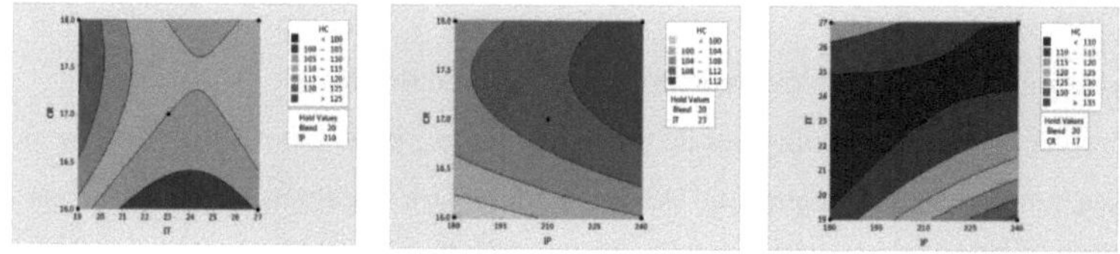

Fig. 60 Influência das variáveis de entrada no HC

As emissões de HC devem ser mínimas durante a combustão. A Figura 60 indica a influência das variáveis de entrada nas emissões de HC. O valor das emissões de HC depende principalmente da taxa de compressão e da regulação da injeção. Podem obter-se menos emissões de HC utilizando uma taxa de compressão entre 16 e 16,3 e um tempo de injeção entre 21 e 27^0 bTDC. Isto pode ser validado a partir da Tabela 72, que mostra que os valores F para IT e CR são 5,49 e 4,5, respetivamente, que são superiores aos valores F da mistura% e IP, que são 0,09 e 2,68, respetivamente. O IT parece ser mais influente. A injeção avançada produz temperaturas de combustão elevadas e, consequentemente, uma combustão completa. Quase todas as variáveis independentes influenciam de forma dominante as emissões de HC, uma vez que os valores P estão mais próximos de zero, exceto a % de mistura. Verifica-se que o efeito de segunda ordem de todos os parâmetros é significativo, exceto o IP. O efeito de segunda ordem da regulação da injeção é comparativamente mais significativo do que o dos outros parâmetros. O efeito interativo entre IT e IP é mais eficaz do que os outros. O coeficiente de regressão (R^2), que indica o grau de variabilidade dos parâmetros dependentes previsto pelo modelo, é de 0,8644, de acordo com o quadro 73. Além disso, como a diferença entre Adj R^2 e Predicted R^2 para BTE é de 0,0561, o que significa que é inferior a 0,2, os factos do modelo previsto são fiáveis. A relação quadrática final para as emissões de HC obtida é a seguinte

$$HC = -1806 + 12.34\,Blend + 184\,CR + 1.94\,IP - 1.0\,IT -$$
$$0.0429\,Blend^2 - 4.92\,CR^2 - 0.00005\,IP^2 + 0.552\,IT^2 -$$
$$0.250\,Blend \times CR - 0.0108\,Blend \times IP - 0.1812\,Blend \times IT +$$
$$0.008\,CR \times IP - 0.375\,CR \times IT - 0.0750\,IP \times IT$$

f) Influência das variáveis de entrada na emissão de NOx

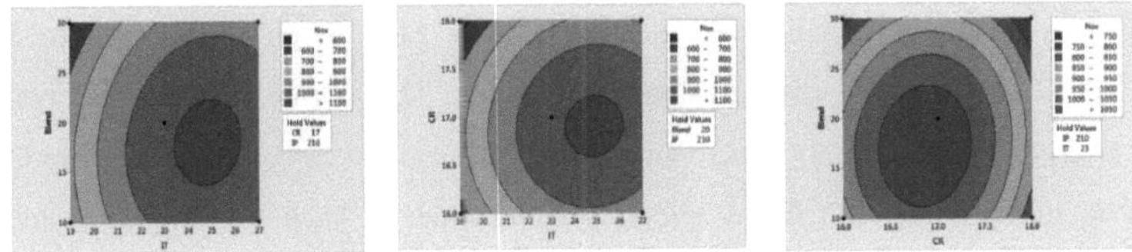

Fig. 61 **Influência das variáveis de entrada nos NOx**

A produção de NOx durante a combustão é prejudicial para a atmosfera. As emissões de NOx devem ser mínimas. A Figura 61 mostra a influência das variáveis de entrada nas emissões de NOx. A emissão de NOx depende principalmente da percentagem da mistura e do tempo de injeção. As emissões mínimas de NOx podem ser obtidas com uma percentagem de mistura entre 25-30 e com um tempo de injeção entre $19\text{-}20^0$ bTDC. Isto pode ser validado a partir da Tabela 72, que mostra que os valores F para IT e percentagem de mistura são 55,82 e 7,75, respetivamente, que são superiores aos valores F de CR e IP, que são 3,9 e 3,43, um para um. Observa-se que o IT está a contribuir em grande medida. A injeção retardada produz menos temperaturas de combustão e, por conseguinte, menos NOx. Quase todas as variáveis independentes estão a influenciar de forma dominante as emissões de NOx, uma vez que os valores de P- estão mais próximos de zero. Verifica-se que a influência do IT é maior nos NOx. O efeito de segunda ordem de todos os parâmetros é considerado significativo. A conclusão de segunda ordem do IT e do CR é comparativamente mais digna de nota do que as outras duas. O coeficiente de regressão (R^2), que indica o grau de variabilidade dos parâmetros dependentes previsto pelo modelo, é de 0,9074, de acordo com o quadro 73. Além disso, como a diferença entre Adj R^2 e Predicted R^2

para o NOx é 0,0526, que é inferior a 0,2, prova que os factos previstos pelo modelo são fiáveis. A relação quadrática final para as emissões de NOx é:

$$NOx = -53992 - 43.9\,Blend + 5470\,CR + 37.6\,IP + 449\,IT - 1.072\,Blend^2 - 164.5\,CR^2 - 0.0759\,IP^2 - 10.04\,IT^2 + 1.95\,Blend \times CR + 0.151\,Blend \times IP + 0.706\,Blend \times IT - 0.31\,CR \times IP + 4.75\,CR \times IT - 0.206\,IP \times IT$$

g) Influência das variáveis de entrada nas emissões de fumo

A intensidade do fumo é maior com cargas mais elevadas ou quando há uma mistura rica. A opacidade dos fumos deve ser mínima. A figura 62 mostra a influência das variáveis de entrada nas emissões de fumos. A opacidade dos fumos depende do tempo de injeção e da pressão de injeção. Para uma opacidade mínima dos fumos, deve preferir-se uma pressão de injeção entre 180-185 bar e um tempo de injeção entre 26 e 27^0 TDC. Isto pode ser validado a partir do Quadro 72, que mostra que os valores F para IP e IT são 5,92 e 6,03, respetivamente, que são superiores aos valores F para CR e % de mistura, que são 2,2 e zero, respetivamente. O IT é a primeira variável contribuinte. IP é o segundo parâmetro que contribui. Quase todas as variáveis independentes influenciam de forma dominante as emissões de fumo, uma vez que os valores P são próximos de zero, exceto a % de mistura. Verifica-se que o efeito do IT e do IP é maior nas emissões de fumo. Os efeitos de segunda ordem de todos os parâmetros são considerados significativos. As conclusões de segunda ordem do IP e do CR são comparativamente mais substanciais do que as dos outros dois. O coeficiente de regressão (R^2), que indica o grau de variabilidade dos parâmetros dependentes previsto pelo modelo, é de 0,8225, de acordo com o Quadro 73. Além disso, como a diferença entre Adj R^2 e Predicted R^2 para a percentagem de fumo é de 0,0452, o que significa que é inferior a 0,2, os factos do modelo previsto são fiáveis. A relação quadrática final para as emissões de fumo é a seguinte:

$$Smoke = -3961 + 15.1\,Blend + 530\,CR - 2.91\,IP - 33.4\,IT - 0.1013\,Blend^2 - 19.90\,CR^2 - 0.01916\,IP^2 - 0.537\,IT^2 - 0.798\,Blend \times CR + 0.0367\,Blend \times IP - 0.226\,Blend \times IT + 0.527\,CR \times IP + 2.59\,CR \times IT + 0.0735\,IP \times IT$$

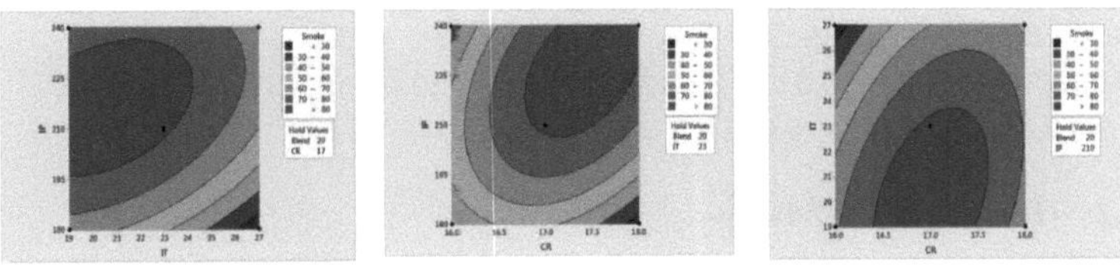

Fig. 62 Influência das variáveis de entrada no fumo

h) Influência das variáveis de entrada no EGT

O EGT é um dos factores importantes que afectam as emissões de NOx e a eficiência da combustão. É uma indicação das emissões de NOx durante a combustão de biodiesel.

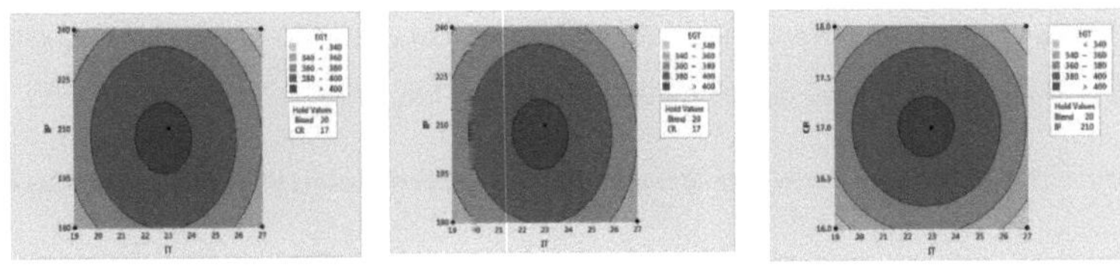

Fig. 63 Influência das variáveis de entrada no EGT

A figura 63 mostra a influência das variáveis de entrada no EGT. O valor de EGT depende principalmente de IP e IT. O menor valor de EGT pode ser atingido com um tempo de injeção entre $19\text{-}20^0$ bTDC e uma pressão de injeção entre 225-240 bar ou IT entre $26\text{-}27^0$ bTDC e IP entre 180-195 bar. Isto pode ser validado a partir da Tabela 72, que mostra que os valores F para IP e IT são 7,08 e 4,1, respetivamente, que são superiores aos valores F para CR e % de mistura, que são 0,12 e 0,13 individualmente. A pressão de injeção e o tempo de injeção, como duas variáveis independentes, influenciam predominantemente a temperatura dos gases de escape, uma vez que os valores de P- estão mais próximos de zero. Detecta-se que o efeito da razão CR e da % de mistura é menor no EGT. O efeito de segunda ordem de todos os parâmetros é considerado significativo. O efeito de segunda ordem da taxa de compressão, bem como da percentagem de mistura, é comparativamente mais significativo do que os outros dois. O coeficiente de regressão estatística (R^2), que indica o grau de variabilidade dos parâmetros dependentes previsto pelo modelo, é de 0,9621, de acordo com o quadro 73. Além disso, como a diferença entre Adj R^2 e Predicted R^2 para EGT é 0,0362, o que significa que é inferior a 0,2, os factos do modelo previsto são fiáveis. A relação quadrática final para EGT é:

131

$$EGT = -13776 + 28.42\,Blend + 1307\,CR + 13.79\,IP + 118.7\,IT -$$
$$0.4068\,Blend^2 - 38.05\,CR^2 - 0.03108\,IP^2 - 2.473\,IT^2 -$$
$$0.408\,Blend \times CR - 0.0155\,Blend \times IP - 0.0820\,Blend \times IT -$$
$$0.013\,CR \times IP - 0.051\,CR \times IT - 0.0169\,IP \times IT$$

4.7.2 Otimização e validação

O optimizador RSM foi utilizado para otimizar as variáveis do motor e a percentagem da mistura para obter o melhor desempenho e as menores emissões. A Tabela 74 apresenta os critérios de otimização das variáveis dependentes. A Figura 64 apresenta os valores optimizados das variáveis dependentes e independentes, juntamente com os valores desejáveis. Com base nos resultados previstos para CR, IP, IT e percentagem de mistura, foram efectuadas experiências adicionais três vezes e os valores médios são tabulados. De acordo com a Tabela 75, os valores experimentais e os valores previstos das variáveis dependentes são adjacentes um ao outro com um erro máximo de 3,45%, o que confirma que os modelos RSM são eficazes.

Tabela 75. Confirmação dos valores óptimos previstos e experimentais utilizando a abordagem RSM.

	Parâmetros				Respostas							
	Mistura	CR	IP	TI	BTE	BSFC	CO	CO_2	HC	NOx	Fumo	EGT
Previsto	15.86	16.00	195.76	26.92	15.52	0.58	0.87	8.32	108.50	952.39	16.97	311.08
Experimental	16.00	16.00	200.00	27.00	15.82	0.56	0.84	8.54	109.00	945.00	16.70	310.50
Erro real em %					1.93	3.45	3.27	2.70	0.46	0.78	1.60	0.19

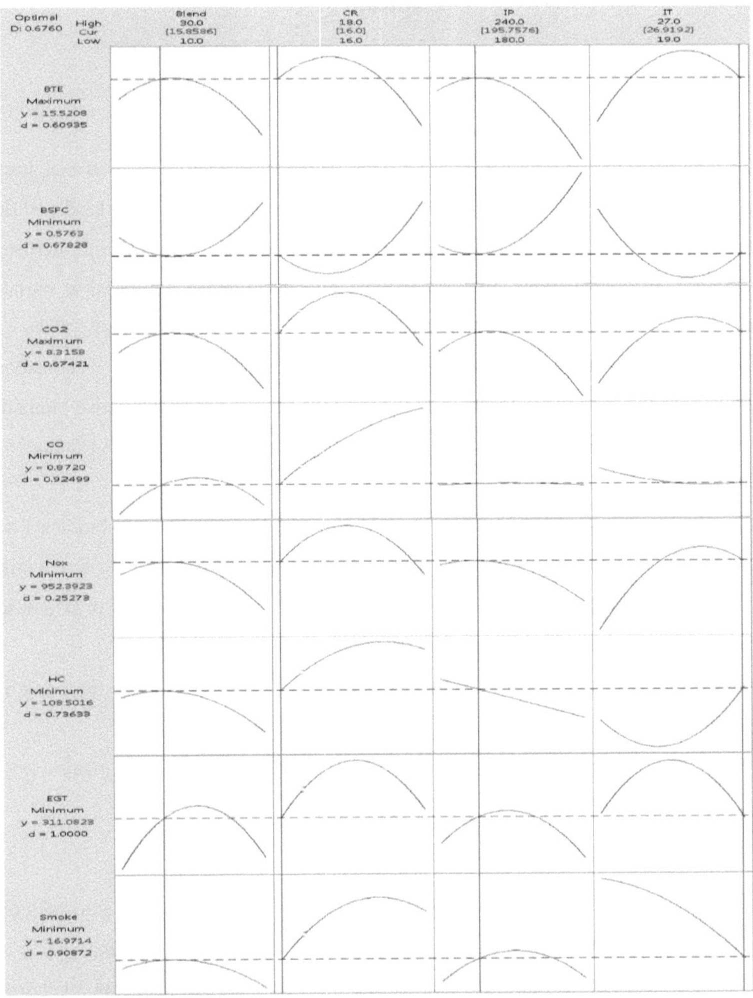

Fig. 64 Otimização prevista pelo RSM das variáveis dependentes e independentes

5. Resumo e conclusão

5.1 Desenvolvimento de um modelo matemático para o VHC

Foi estabelecido um novo esquema de previsão para estimar o HCV do biodiesel, uma vez que o método de medição do HCV é moroso. Neste caso, o HCV do biodiesel de óleo vegetal é avaliado a partir da sua configuração orgânica, que inclui numerosos ácidos gordos considerados em três grupos: poli-insaturados, saturados e mono-insaturados. O modelo desenvolvido tem um coeficiente de regressão de 99,98%. O HCV do biodiesel pode ser eficientemente previsto. Os valores medidos e estimados estão a ter uma grande concordância com uma precisão de 87%. Verifica-se também que o HCV aumenta com o aumento da percentagem de poli-insaturação. As vantagens do método são

- Apenas a composição química é necessária para calcular o HCV do biodiesel de óleo vegetal. Outras propriedades químicas, térmicas ou físicas não são essenciais.

- Reduz o equipamento de laboratório, uma vez que o controlo final e próximo do óleo não é obrigatório para a previsão do HCV.

- O método pode estimar o HCV de ésteres alcalinos gerados a partir de todos os tipos de gorduras físicas, bem como de óleos vegetais.

- A forma pode verificar a exatidão da composição química e do HCV medido .

5.2 Rendimento ótimo de biodiesel

O objetivo da experimentação foi produzir biodiesel a partir do óleo de sementes de Cocklebur e determinar as variáveis ideais para obter o rendimento máximo e a viscosidade cinemática mínima. Utilizando o método de Taguchi, as melhores condições obtidas são a concentração de 0,8%w/w do catalisador de base, a quantidade de 6:1 de metanol: óleo, a temperatura de aquecimento de 55^0 C e o tempo de aquecimento de 40 minutos. São obtidas as mesmas condições para a viscosidade cinemática mínima, exceto a alteração do tempo de aquecimento, que é de 50 minutos. O rendimento extremo gerado é de 92,30 % utilizando as circunstâncias dadas. A ANOVA mostra que o rendimento do éster alcalino depende significativamente da quantidade de catalisador (89,41%), em segundo lugar da quantidade de álcool: óleo (7,49%), depois do tempo de reação (3,07%) e, finalmente, da temperatura de reação que tem menos impacto (0,03%) entre a escolha dos parâmetros selecionados. A viscosidade também depende significativamente da quantidade de catalisador (84,66%), em segundo lugar da quantidade de álcool: óleo (15,10%), depois do tempo de aquecimento (0,125%) e, finalmente, da temperatura de aquecimento (0,102%), que tem menos impacto. Após a produção de biodiesel, foi registada uma redução significativa da viscosidade cinemática e do teor de AGL em . O biodiesel produzido tem as caraterísticas exigidas pelas normas ASTM. O teor de AGL medido foi detectado como sendo de 0,11 % em peso. As propriedades medidas após a realização da experiência com condições óptimas são 40^0 C Viscosidade cinemática é 3.00 cSt, densidade é 880.6 kg/m^3 , Ponto de inflamação-72^0 C e 41.71MJ/Kg HCV. O biodiesel de óleo de carolo de berbigão não está a criar nutrição contra o problema do combustível. Por isso, o Cocklebur é uma planta energética inovadora para o negócio da bioenergia.

5.3 Variáveis óptimas do motor de um motor diesel VCR alimentado com biodiesel de bagaço de berbigão misturado com diesel utilizando o método Taguchi

Utilizando os modelos de regressão desenvolvidos para as respostas, os valores estimados mostram uma concordância próxima com os valores medidos, uma vez que R^2 0,9. O EGR é a variável que contribui significativamente para as emissões de NOx e para o desempenho térmico. Com a mesma ponderação para o concerto térmico e as libertações como estado desejado, sugere-se a utilização de EGR-10% para a mistura CB20 e 5% para o gasóleo. A segunda variável que contribui é o IT. Sugere-se a utilização de um IT retardado de 19^0 bTDC para o CB20 e de 25^0 bTDC para o gasóleo. A terceira variável é o IP, que deve ser de 210 bar para o CB20 e de 240 bar para o gasóleo. A quarta variável contribuinte é o CR, que deve ser 18 para ambos os combustíveis. Comparando com o gasóleo, quando o CB20 é utilizado como combustível, a redução no BTE é de 1,67% e um aumento no BSFC é de 0,0294 Kg/KWh, também há um aumento no CO de 1,29%, HC de 47 ppm, fumo de 1,4%, mas uma diminuição no NOx de 25 ppm e CO_2 de 0,2%. Assim, as experiências de validação estão a dar melhores resultados com BTE comparativamente menor do que o gasóleo com emissões dentro dos limites de acordo com as normas EURO6 e BS6. Assim, o CB20 pode ser efetivamente utilizado como combustível sem alterações no hardware do motor.

5.4 Parâmetros óptimos de funcionamento do motor diesel VCR que utiliza

biodiesel de berbigão misturado com biodiesel de karanja aplicando o método Taguchi

Com a mesma ponderação para o concerto térmico e as emissões de escape como condição ideal, sugere-se a utilização de CR-16, IT-19^0 bTDC, EGR-5% para ambos os combustíveis, nomeadamente o combustível-KB-100 e o combustível-KB80 +CB20. Recomenda-se a utilização de uma pressão de injeção de 180 bar para o KB100, mas de 240 bar para o combustível 3, uma vez que se trata de uma mistura de dois combustíveis biodiesel, para uma mistura adequada e uma atomização fina das partículas de combustível é necessário um IP elevado. O aumento do BTE é de 0,98% para o combustível 3 em comparação com o combustível 4, o que pode dever-se à menor viscosidade, à menor densidade e ao elevado valor calorífico do combustível 3. A redução do BSEC é de 2323,02 KJ/KWh para o combustível 3 em comparação com o combustível 4. Verifica-se um aumento médio de CO, HC e fumo nos gases de escape do combustível 3 em comparação com os do combustível 4, o que pode ser devido a uma combustão incompleta. Verifica-se que há uma redução notável dos NOx para o combustível 3 em comparação com o combustível 4, o que pode dever-se a temperaturas de combustão inferiores produzidas devido à combustão incompleta, observando-se também uma pequena redução das emissões de CO_2 . Experiências adicionais realizadas para validação de ambos os combustíveis com condições óptimas dos parâmetros de funcionamento do motor conduzem a melhores resultados. Os modelos de regressão são estatisticamente adequados, uma vez que os valores de R^2 estão próximos de 0,9 para todos os parâmetros de saída de ambos os combustíveis

5.5 Parâmetros óptimos de funcionamento do motor utilizando ácido linoleico como aditivo com biodiesel de karanja

Para a condição de igual ponderação das emissões e do desempenho térmico, as variáveis de funcionamento do motor CR e IP são as mesmas para dois combustíveis, nomeadamente 5, CB 80+LA 20 e 4, KB 100, mas há variações no IT e no EGR. É necessário um maior IT para o combustível misturado para uma combustão completa em comparação com o KB100. É possível utilizar mais EGR para o combustível misturado devido ao aumento da percentagem de insaturação devido à adição de ácido linoleico, resultando assim num aumento do oxigénio. O BTE do combustível misturado é ligeiramente superior, o que pode dever-se a uma maior EGR, além de se obter mais CO_2 e mais fumo.

5.6 Otimização dos parâmetros de funcionamento do motor diesel VCR utilizando biodiesel de berbigão misturado com diesel empregando a abordagem RSM

Foram realizadas investigações estatísticas e experimentais para procurar variáveis autónomas do motor no que diz respeito ao melhor funcionamento térmico e à redução das emissões. Foi concebida uma abordagem Box-Behnken para otimização e modelação de respostas múltiplas. Os modelos por regressão para todas as respostas foram considerados estatisticamente adequados, com níveis de confiança mais elevados. A desejabilidade óptima alcançada foi de 0,6824 utilizando uma abordagem de função de desejabilidade. As respostas previstas pelo modelo ótimo estão muito próximas dos resultados experimentais. Existe uma concordância mais saudável entre os resultados previstos e experimentais das respostas de saída, com um erro máximo de 5,05%. Com o optimizador RSM, o CR-16,5657, o IT-24,5758^0 bTDC, o IP-180 bar e 29,1919% de mistura foram considerados atributos favoráveis do motor para um melhor desempenho do motor e menos emissões. O optimizador RSM favorece o IP mais baixo, o CR padrão, mas avança no IT devido à utilização de combustível biodiesel.

5.7 Parâmetros óptimos de funcionamento do motor utilizando biodiesel de berbigão misturado com biodiesel de karanja utilizando a abordagem RSM

As representações de regressão para todas as respostas de rendimento são detectadas como sendo estatisticamente adequadas com um elevado nível de garantia. Utilizando a abordagem de desejabilidade funcional, a desejabilidade óptima possível foi de 0,6760, pelo que as melhores réplicas projectadas pelo modelo são exatamente adjacentes aos resultados da investigação. As respostas óptimas previstas pelo modelo são BTE- 15,52%, BSFC- 0,5763Kg/KWh, CO-0,872%, CO_2 -8,3158%, HC- 108,502ppm, NOx 952,39ppm, Smoke-16.9714%, EGT-311.08C. Os resultados experimentais são BTE-15.82%, BSFC-0.5564 Kg/KWh, CO-0.8435%, CO_2 -8.54%, HC-109ppm, NOx-945ppm, Smoke-16.7%, EGT-310.5^0 C. Com base no optimizador RSM, obteve-se que o CR-16, o Advanced IT-26,9192^0 bTDC, o IP- 195,7576 bar com 15,8586% de mistura são atributos favoráveis do motor para o concerto e a libertação do motor. No entanto, o RC elevado contribui para melhorar o desempenho do motor, o optimizador RSM favorece a compressão normal, mas o avanço no IT deve-se à utilização de combustível biodiesel. Existe um acordo estreito entre os valores projectados e experimentais das respostas de saída, com um erro total de 3,45%.

Compilação dos resultados

Os resultados compilados, como na tabela 76, ilustram que, em circunstâncias idênticas, a mistura de 20% de éster alcalino de Cocklebur com éster alcalino de Karanja proporciona melhores resultados do que a mistura de 20% de ácido linoleico. A adição de éster alcalino de Cocklebur provoca uma diminuição dos NOx em relação ao gasóleo. A adição de éster alcalino de Cocklebur ao éster alcalino de Karanja conduz a um BTE extra e a NOx condensado.

Quadro 76. Compilação dos resultados

Combustível	CR	IP	TI	RGE	BTE	OCEMN	CO	CO_2	HC	NOx	Fumo
					(%)	(KJ/KWh)	(%)	(%)	(ppm)	(ppm)	(%)
Diesel 100%	18	240	25	5	23.04	15673.8	0.11	4.1	16	325	1.3
Gasóleo 80% + CB 20%	18	210	19	10	21.37	16610.4	1.4	3.9	63	74	2.7
KB100	16	180	19	5	20.15	19053.2	0.1	2.7	8	409	10
KB 80% + CB 20%	16	240	19	5	21.13	16730.2	0.3	2.6	18	193	16
KB80% + LA 20 %	16	180	22	10	20.76	18216.8	1.35	7.6	82	430	47.1

5.8 Principais contributos do trabalho de investigação

O biodiesel a partir do óleo de sementes de Cocklebur não cria a questão do alimento versus combustível. Por conseguinte, o Cocklebur é uma nova planta energética para o sector da bioenergia.

i. Testes detalhados de motores mostram que o éster alcalino do óleo de sementes de berbigão pode ser utilizado como combustível de substituição parcial em máquinas a diesel actuais, sem alterações consideráveis do hardware.

ii. Observou-se que o novo biodiesel produzido a partir de óleo de semente de Cocklebur e ácido linoleico separado tem um valor calorífico superior ao do biodiesel de Karanja anteriormente selecionado.

iii. Verificou-se que o consumo de combustível diminui com a adição de biodiesel de berbigão em comparação com o biodiesel de óleo de karanja para a mesma potência.

iv. Observou-se que a utilização do novo biodiesel reduz as emissões de NOx dos motores diesel em comparação com o diesel sem afetar o desempenho do motor.

v. Verifica-se que o EGR é o método mais eficaz para reduzir as emissões de NOx.

vi. Observa-se que o aumento do HCV do biodiesel selecionado e, em última análise, do BTE do motor diesel é maior com a adição de biodiesel de berbigão em comparação com o ácido linoleico na mesma quantidade.

5.9 Âmbito futuro

1. É necessário fazer mais experiências utilizando a complexação da ureia/método adequado para separar o ácido linoleico poli-insaturado do óleo de Cocklebur e pode ser utilizado para aumentar o valor calorífico do combustível biodiesel selecionado.

2. Efetuar experiências para determinar os parâmetros de funcionamento do motor utilizando um aditivo adequado para obter um melhor desempenho térmico e menos emissões.

3. Com a experimentação conduzida para o CB20 utilizando o método de Taguchi com os parâmetros optimizados, nota-se que há um declínio momentâneo no NOx, mas um aumento no CO, CO_2 , HC e fumo, pelo que é necessário realizar mais experiências para reduzir as emissões acima referidas.

4. É necessário estudar a razão por detrás do grande aumento do HCV do biodiesel de Karanja por adição de biodiesel de Cocklebur do que o ácido linoleico na mesma quantidade.

Referências

[1] Demirbas, Fuel properties and calculation of higher heating values of vegetable oils, Fuel. 77 (1998), 1117-1120.

[2] G. Knothe, Dependence of biodiesel fuel properties on the structure of fatty acid alkyl esters, Fuel Processing Technology. 86 (2005), 1059- 1070.

[3] M. Ameen, M.Zafar, A. S. Nizami, M. Ahmad, M. Munir, S. Sultana, A. Usma, M. Rehan, Biodiesel Synthesis From Cucumis melo Var. agrestis Seed Oil: Toward Non-food Biomass Biorefineries, Frontiers in Energy Research. 10 (2022), 830845.

[4] A. Demirbas, Relationships derived from physical properties of vegetable oil and biodiesel fuels, Fuel. 87 (2008), 1743-1748.

[5] A. Refaat, Correlação entre a estrutura química do biodiesel e as suas propriedades físicas, International Journal of Environmental Science and Technology, 4 (2009), 677-694.

[6] S. Wang, W. Li, I. Alruyemi, On the Investigation of Effective Factors on Higher Heating Value of Biodiesel: Modelagem robusta e avaliações de dados, Bio Med Research International. 4 (2021), 1-9.

[7] M. J. Ramos, C. M. Fernandez, A. Casas, L. Rodriguez, A. Perez, Influência da composição de ácidos gordos das matérias-primas nas propriedades do biodiesel, Bioresource Technology. Vol. 100, Issue 1 (2009), 261-268.

[8] P. S. Mehta, K. Anand, Estimativa de um valor de aquecimento inferior do óleo vegetal e do combustível biodiesel, Energy Fuels. 23 (2009), 3893-3898.

[9] T. M. Fouzi, C. Abdelkrim, N. Belboukhari, Produção de biodiesel por transesterificação de óleo de Acacia raddiana sob catálise heterogénea, Journal of Scientific Research. 1 (2010), 189-191.

[10] W. F. Fassinou, A. Sako, A. Fofana, K. B. Koua, S. Toure, Fatty acids composition as a means to estimate the high heating value (HHV)of vegetable oils and biodiesel fuels, Energy. 35 (2010), 4949-4954.

[11] K. Sivaramakrishnan, P. Ravikumar, Determination of Higher Heating Value of Biodiesels', International Journal of Science and Technology. 3 (2011) 7981-7987.

[12] U. Rashid, H. A. Rehman, I. Hussain, M. Ibrahim, M. S. Haider, Muskmelon (Cucumis Melo) seed oil: Um potencial óleo não alimentar para a produção de biodiesel, Energy. 36 (2011), 5632-5639.

[13] U. Rashid, F. Anwar, G. Knothe, Biodiesel de óleo de semente de Milo (Thespesia Populnea L.), Biomassa e Bioenergia. 36 (2011), 4034-4039.

[14] S. Sayyed, R. K. Das, K. Kulkarni, Investigação experimental para avaliar o desempenho e as caraterísticas de emissão do motor DICI abastecido com misturas duplas de biodiesel-diesel de Jatropha, Karanja, Mahua e Neem, Energy. 238 (2022), 121787.

[15] G. Kaur, S. Sharma, Cromatografia Gasosa - Uma Breve Revisão, Revista Internacional de Ciência da Informação e Computação. 5 (2018), 125- 131.

[16] L. Wang, H. Yu, X. He, R. Liu, Influência da composição de ácidos gordos de plantas de biodiesel lenhosas nas propriedades do combustível, Journal of Fuel Chemistry and Technology. 40 (2012), 397-404.

[17] L. F. Ramírez-Verduzco, J. E. Rodriguez, A. D. R. Jaramillo-Jacob, Predicting cetane number, kinematic viscosity, density and higher heating value of biodiesel from its fatty acid methyl ester composition, Fuel. 91 (2012), 102-111.

[18]   W. F. Fassinou, Higher Heating Value (HHV) of Vegetable Oils, Fats & Biodiesels evaluation based on their pure fatty acids' HHV, Energy. 45 (2012), 798-805.

[19]   D. Alviso, G. Artana, T. Duriez, Previsão das propriedades físico-químicas do biodiesel a partir da sua composição em ácidos gordos utilizando programação genética, Fuel. 264 (2020), 116844.

[20]   E. G. Giakoumis, Uma investigação estatística das propriedades físicas e químicas do biodiesel e sua correlação com o grau de insaturação, Renewable Energy. 50 (2013), 858-873.

[21]   S. Rajendran, P. Ganesan, Investigações experimentais das emissões do motor diesel e do comportamento de combustão utilizando a adição de aditivos antioxidantes à mistura de biodiesel de jamun, Fuel. 285 (2021), 119157.

[22]   P. B. Shingwekar, Green Chemical de Awala (Phyllanthus emblica) e Hirda (Terminalia Chebula) óleo de sementes da região de Vidarbha de Maharashtra, IOSR Journal of Applied Chemistry. 1 (2014), 73-76.

[23]   H. Sanli, M. Canakci, E. Alptekin, A. Predicting the higher heating values of waste frying oils as potential biodiesel feedstock, Fuel. 115. (2014).850-854.

[24]   A.O. Mmbuji, Q. A. Mgani, E. B. Mubofu, Perfil de Ácidos Graxos e Parâmetros Físico-Químicos de Óleos de Mamona na Tanzânia, Química Verde e Sustentável. 5 (2015), 154-163.

[25]   L. F. Chuah, S. Yusup,A. Aziz, J. Klemes, A. Bokhari, M. Z. Abdullah, Influência do teor de ácidos gordos no óleo não comestível para as propriedades do biodiesel, Tecnologias Limpas e Política Ambiental. 18 (2015), 473-482.

[26]   A. Mahalingam, Y. Devarajan, S. Radhakrishnan, S. Vellaiyan, B.Nagappan, Análise de emissões no biodiesel de óleo de mahua e misturas de álcool superiores no motor diesel Alexandria Engineering Journal. 57 (2018), 2627-2631.

[27]   N. Acharya, P. Nanda, S. Panda, S. Acharya, Análise das propriedades e estimativa da proporção óptima de mistura de biodiesel de mahua misturado, Engineering Science and Technology, um Jornal Internacional. 20 (2017), 511-517.

[28]   G. Dhamodaran, R. Krishnan, Y. K. Pochareddy, H. M. Pyarelal, H. Sivasubramanian, A. K. Ganeshram, Um estudo comparativo das caraterísticas de combustão, emissão e desempenho dos biodieseis de arroz-branco, neem e óleo de semente de algodão com diferentes graus de insaturação, Fuel. 187 (2017), 296-305.

[29]   Y. Sergeeva, E. B. Mostova, K. V. Gorin, A. V. Komova, I, A. Komova, V. M. Pojidaev, P. M. Gotovtsev, R. G. Vasilov e S. P. Sineoky, Cálculo das caraterísticas do combustível biodiesel com base na composição de ácidos gordos lipídicos de alguns microrganismos biotecnologicamente importantes, Applied Biochemistry and Microbiology. 53 (2017), 807-813.

[30]   E. G. Giakoumis, C. K. Sarakatsanis, Estimativa do número de cetano do biodiesel, densidade, viscosidade cinemática e valores de aquecimento a partir da sua composição em peso de ácidos gordos, Fuel. 222 (2018), 574-585.

[31]   A.J Folayan, P. A. L. Arawe, A. E. Aladejare, A. O. Ayeni, Investigação experimental do efeito da configuração dos ácidos gordos, do comprimento da cadeia, da ramificação e do grau de insaturação nas propriedades do combustível biodiesel obtido a partir de óleos láuricos, biomassa de óleo vegetal de alto teor oleico e alto teor de linoleico, Energy Reports. 5 (2019), 793-806.

[32]   V. Kumbhar, A. Pandey, C. R. Sonawane, A. S. El-Shafay, H. Panchal, A. J.

Chamkha, Análise estatística sobre a previsão das propriedades do biodiesel a partir da sua composição em ácidos gordos, Case Studies in Thermal Engineering. 30 (2022), 1-12.

[33] S. Pawar, J. Hole, M. Bankar, S. Channapattana, C. Srinidhi, Studies on Xanthium strumarium L. seed oil: Síntese de Biodiesel e Otimização de Processos, Materials Today: Proceedings. 66 (2022) 2169-2177 G.

[34] U. Rashid, Hafiz A. Rehman, I. Hussain, M. Ibrahim, M. S. Haider, Muskmelon (Cucumis melo) seed oil: Uma potencial fonte de óleo não alimentar para a produção de biodiesel Energy 36 (2011), 5632-5639.

[35] D. Beyene, M. Abdulkadir, A. Befekadu, Production of Biodiesel from Mixed Castor Seed and Microalgae Oils: Otimização da Produção e Avaliação da Qualidade do Combustível, International Journal of Chemical Engineering. (2022), 1536160.

[36] S. T. Keera, S. M. El Sabagh, A.R. Taman, produção e otimização de biodiesel de óleo de rícino, Egyptian Journal of Petroleum. 27 (2018), 979-984.

[37] T. M. I. Riayatsyah, A. H. Sebayang, A. S. Silitonga , Y. Padl, I.M. R. Fattah, F. Kusumo, H. C. Ong e T. M. I. Mahlia, Current Progress of Jatropha Curcas Commoditisation as Biodiesel Feedstock: A Comprehensive Review. Frontiers in Energy Research, 9 (2022), 815416.

[38] Maftuchaha, A. Zainudinb, A. Winayaa, Y. Rahmadesib, Biodiesel gerado a partir de sementes de Jatropha (Jatropha curcas Linn.) selecionadas com base em vários genótipos cruzados, Energy Reports. 6 (2020), 345-350.

[39] S. S. Batsanov, L. I. Kozhevina, Energia da ligação dupla C = C, Russian Journal of General Chemistry. 74 (2004), 314-315.

[40] J. Van Gerpen, B. Shanks, e R. Pruszko, D. Clements, G. Knothe, Tecnologia de Produção de Biodiesel, Laboratório Nacional de Energias Renováveis, SR-510-36244, 2004.

[41] Umer Rashid, Farooq Anwar, Bryan R. Moser, Gerhard Knothe, Moringa oleifera oil: A possible source of biodiesel, Bioresource Technology, Vol. 99 (2008), 8175-8179.

[42] P. K. Sahoo, L.M. Das Process optimization for biodiesel production from Jatropha, Karanja and Polanga oils, Fuel, Vol. 88 (2009), 1588-1594.

[43] Umer Rashid, Farooq Anwar, Tariq Mahmood Ansari, Muhammad Arif, Mushtaq Ahmad, Otimização da transesterificação alcalina do óleo de farelo de arroz para a produção de biodiesel utilizando a metodologia de superfície de resposta, J Chem Technol Biotechnol, Vol. 84 (2009), 1364-1370.

[44] Rakesh Sarin, Meeta Sharma, Arif Ali Khan, Studies on Guizotia abyssinica L. oil: Biodiesel synthesis and process optimization, Bioresource Technology, Vol. 100 (2009), 4187-4192.

[45] Xuan Wu, Dennis Y. C. Leung, Otimização da produção de biodiesel a partir de óleo de camelina utilizando uma experiência ortogonal, Applied Energy, Vol. 88 (2011), 3615-3624.

[46] I. M. Atadashi, M. K. Aroua, A. R. Abdul Aziz, N. M. N. Sulaiman, Produção de biodiesel utilizando matérias-primas com elevado teor de ácidos gordos livres, Renewable and Sustainable Energy Reviews, Vol. 16 (2012), 3275-3285.

[47] Yang Song Changfei. Método de preparação de biodiesel a partir de Xanthium Strumarium, Google Patents- CN2013100762119A Publicado em 05-06-2013.

[48] Hulya Karabas, Produção de biodiesel a partir de óleo bruto de bolota (Quercus frainetto L.): Um processo de otimização utilizando o método de Taguchi Renewable Energy, Vol. 53 (2013), 384-388.

[49]   Umer Rashid, Muhammad Ibrahim, Shahid Yasin, Robiah Yunus, Y. H. Taufiq-Yap, Gerhard Knothe, Biodiesel a partir de óleo de semente de Citrus reticulata (tangerina), uma potencial matéria-prima não alimentar, Industrial Crops and Products, Vol. 45 (2013), 355- 359.

[50]   Godwin Kafui Ayetor, Albert Sunnu, Joseph Parbey, Efeito dos parâmetros de produção de biodiesel na viscosidade e no rendimento dos ésteres metílicos: Jatropha curcas, Elaeis guireensis e Cocos nucifera, Alexandria Engineering Journal, Vol. 54 (2015),1285-1290.

[51]   Kifayat Ullah, Mushtaq Ahmad, Sofia, Fahim Ashraf Qureshi, Raheel Qamar, Vinod Kumar Sharma, Shazia Sultana, Muhammad Zafar, Síntese e caraterização de biodiesel a partir de óleo de Aamla: Uma fonte de óleo não comestível promotora para a indústria de bioenergia, Tecnologia de Processamento de Combustível, Vol. 133 (2015), 173-182.

[52]   Umer Rashid, Farooq Anwar, Robiah Yunus, Alaa H. Al-Muhtaseb, Transesterificação para Produção de Biodiesel Utilizando Óleo de Semente de Thespesia Populnea: Um Estudo de Otimização, Revista Internacional de Energia Verde, Vol. 12 (2015), 479-484.

[53]   Peter Adewale, Marie-Josee Dumont, Michael Ngadi, Tendências recentes da produção de biodiesel a partir de resíduos de gordura animal e técnicas de produção associadas, Renewable and Sustainable Energy, Vol. 45 (2015), 574-588.

[54]   Dominic Okechukwu Onukwuli , Lovet Nwanneka Emembolu, Callistus Nonso Ude, Sandra Ogechukwu Aliozo, Mathew Chukwudi Menkiti, Otimização da produção de biodiesel a partir de óleo de semente de algodão refinado e sua caraterização, Vol. 26 (2016), 103-110.

[55]   S. Dharma, H. H. Masjuki, Hwai Chyuan Ong, A.H. Sebayang, A.S. Silitonga, F. Kusumo, T.M.I. Mahlia, Otimização do processo de produção de biodiesel para biodiesel misto de Jatropha curcas-Ceiba pentandra usando metodologia de superfície de resposta, Conversão e Gestão de Energia, Vol. 115 (2016), 178-190.

[56]   Taslim Akhtar, Muhammad Ilyas Tariq, Shahid Iqbal, Nargis Sultana, Chan Kim Wei, Produção e caraterização de biodiesel a partir de óleo de semente de Eriobotrya Japonica: um estudo de otimização, International Journal of Green Energy, Vol. 14 (2017), 569-574.

[57]   Anjan Deb, Jannatul Ferdous, Kaniz Ferdous, M. Rakib Uddin, Maksudur R. Khan, Md. Wasikur Rahman, Prospect of castor oil biodiesel in bangladesh: Estudo de desenvolvimento e otimização de processos, *International Journal of Green Energy*, Vol. 14, (2017), 1063-1072.

[58]   Ranbiranjan Murmu, Harekrushna Sutar, Sangram Patra, Investigação Experimental e Otimização do Processo de Produção de Biodiesel a partir do Óleo de Kusum Usando o Método Taguchi, Avanços em Engenharia Química e Ciência, Vol. 7 (2017), 464-476.

[59]   Ciineyt Cesur, Tanzer Eryilmaz, Tansu Uskutoglu, Hulya Dogan, Belgin Cosge Senkal, óleo de semente de Cocklebur (Xanthium Strumarium L.) e suas propriedades como fonte alternativa de biodiesel, Turkish Journal of Agriculture and Forestry, Vol. 42 (2018), 29-37.

[60]   Pascal Mwenge, Jefrey Pilusa e Tumisang Seodigeng, Otimização da produção de biodiesel a partir de óleo de girassol usando design composto central, Academia Mundial de Ciência, Engenharia e Tecnologia Jornal Internacional de Biotecnologia e Bioengenharia, Vol. 12 (2018), 600-605.

[61]   E. Kurniasih, P. Pardi, Análise das variáveis do processo na reação de transesterificação do biodiesel usando o método Taguchi, 2ª Conferência

Internacional de Nommensen sobre Tecnologia e Engenharia, Ciência e Engenharia de Materiais, Vol. 420 (2018), 012034.

[62] Jassinnee Milano, Hwai Chyuan Ong, H.H. Masjuki, A.S. Silitonga, F. Kusumo, S. Dharma, A.H. Sebayang, Mei Yee Cheah, Chin-Tsan Wang, Melhoria das propriedades físico-químicas da síntese de biodiesel a partir de matérias-primas híbridas de óleo vegetal residual de cozinha e óleo de folha de beleza através de transesterificação optimizada catalisada por alcalina, *Gestão de Resíduos*, Vol. 80 (2018), 435-449.

[63] P. Sivaiah, D. Chakradhar, Modelagem e otimização do processo de fabricação sustentável na usinagem de aço inoxidável 17-4 PH, Medição, Vol. 134 (2019), 142-152.

[64] S. Chozhavendhan, M. Vijay Pradhap Singh, B. Fransila, R.Praveen Kumar, G. Karthiga Devi, Uma revisão sobre os parâmetros que influenciam os processos de produção e purificação de biodiesel, Investigação atual em química verde e sustentável, Vol. 1-2 (2020), 1-6.

[65] Kifayat Ullah, Hammad Ahmad Jan, Mushtaq Ahmad, Anwar Ullah, Síntese e Caracterização Estrutural de Biocombustível de Cocklebur sp., Utilizando Nano-Partículas de Óxido de Zinco: Uma nova cultura de energia para a indústria de bioenergia, Fronteiras em Bioengenharia e Biotecnologia, Vol. 8 (2020), 1-17.

[66] Murat Kadir Yesilyurt, Cuneyt Cesur, Síntese de biodiesel a partir de óleo de semente de Styrax officinalis L. como nova e potencial matéria-prima não comestível: Um estudo de otimização paramétrica através da técnica de Taguchi, Fuel, Vol. 265 (2020), 117025.

[67] Madhav S. Phadke, Quality Engineering Using Robust Design, Pearson Publication, Capítulo 5, 97-132.

[68] Umer Rashid, Farooq Anwar, Production of biodiesel through optimized alkaline-catalyzed transesterification of rapeseed oil, Fuel, 87 (2008), 265-273.

[69] Umer Rashid, Farook Anwar, Gerhard Knothe Evaluation of biodiesel obtained from cottonseed oil Fuel Processing Technology, Vol.90 (2009), 1157-1163.

[70] A. Singh, S. Sinha, A. Choudhary, D. Sharma, H. Panchal e K. Sadasivuni, Uma investigação experimental do desempenho das emissões de biodiesel de pinhão manso com catalisador heterogéneo utilizando RSM, Case Studies in Thermal Engineering, Vol. 25 (2021), 1-14.

[71] A. K. Agarwal, and K. Rajamanoharan, Experimental investigations of performance and emissions of Karanja oil and its blends in a single cylinder agricultural diesel engine, Applied Energy, Elsevier, Vol. 86, No. 1 (2008), 106-112.

[72] N. Dugala, G. Goindi e A. Sharma, Investigação experimental sobre as caraterísticas de desempenho e emissões de misturas duplas de biodiesel num motor diesel de taxa de compressão variável, SN Applied Sciences, Vol. 3 (2021), n.º 622, 04618.

[73] P. Sharma e A.Sharma, modelagem de prognóstico baseada em IA e otimização de desempenho do motor CI usando misturas de biodiesel-diesel, International Journal of Renewable Energy Research, Vol. 11 (2021), 701-708.

[74] R. Karmakar, K. Kundu e A. Rajor, Propriedades do combustível e caraterísticas de emissão do biodiesel produzido a partir de algas não utilizadas cultivadas na Índia, Petroleum Science, Vol. 15 (2017), 385-395.

[75] R. Rodriguez, Y. Sanchez-Borroto, E.Melo-Espinosa, e S. Verhelst, Avaliação do desempenho do motor diesel quando alimentado com biodiesel de algas e

microalgas: Uma visão geral, Renewable and Sustainable Energy Reviews, Vol. 69 (2016), 833-842.

[76] M. V. Kumar, A. V. Babu, e P. R. Kumar, O impacto na combustão, desempenho e emissões de biodiesel usando aditivos no motor diesel de injeção direta, Alexandria Engineering Journal, Vol. 57 (2016), 509-516.

[77] S. V. Channapattana, A. A. Pawar e P. G. Kambale, Otimização do parâmetro de funcionamento do motor DI-CI alimentado com biocombustível de segunda geração e desenvolvimento de um modelo de previsão baseado em RNA, Applied Energy, Vol. 187 (2016), 84-95.

[78] Y. D. Bharadwaz, B. G. Rao, V. D. Rao e C. Anusha, Melhoria do desempenho das misturas de biodiesel e metanol num motor de taxa de compressão variável utilizando a metodologia de superfície de resposta, Alexandria Engineering Journal, Vol. 55 (2016), 1201-1209.

[79] S. V. Channapattana, A. A. Pawar e P. G. Kambale, Efeito da pressão de injeção nas caraterísticas de desempenho e emissão do motor VCR usando Honne Biodiesel como combustível, Materials Today: Proceedings, Vol. 2 (2015), 1316-1325.

[80] B. De, and R. S. Panua, An experimental study on performance and emission characteristics of vegetable oil blends with diesel in a direct injection variable compression ignition engine, Procedia Engineering, Vol. 90 (2014), 431-438.

[81] K. Sivaramakrishnan, e P. Ravikumar, Otimização de parâmetros operacionais no desempenho e emissão de um motor diesel usando biodiesel, International Journal Environmental Science Technology, Vol. 11 (2013), 949-958.

[82] S. M. Ashrafur Rahman, H. H. Masjuki, M. A. Kalam, A. Sanjid e M. J. Abedin, Avaliação das emissões e do desempenho do motor de ignição por compressão com variação do tempo de injeção, Renewable and Sustainable Energy Reviews, Vol. 35 (2014), 221-230.

[83] A. S. Silitonga, H. H. Masjuki, T. M. I. Mahlia, H. C. Ong e W. T. Chong, Estudo experimental sobre o desempenho e as emissões de escape de um motor a gasóleo alimentado com misturas de biodiesel de Ceibapentandra, Energy Conversion and Management, Vol. 76 (2013), 828-836.

[84] S. M. Palash, M. A. Kalam, H. H. Masjuki, B. M Masum, I. M. Rizwanul Fattah e M. Mofijur, Impact of biodiesel combustion on NOx emissions and their reduction approaches, Renewable and Sustainable Energy Reviews, Vol. 23 (2013), 473-490.

[85] A. Abbaszaadeh, B. Ghobadian, M. R. Omidkhah e G. Najafi, Tecnologias actuais de produção de biodiesel: A comparative review, Energy Conservation and Management, Vol. 63 (2012), 138-148.

[86] E. Rajasekar, A. Murugesan, R. Subramanian e N. Nedunchezhian, Review of NOx reduction technologies in CI engines fuelled with oxygenated biomass fuels, Renewable and Sustainable Energy Reviews, Vol. 14 (2010), 2113-2121.

[87] Y. C. Dennis, X. Wu e M. K. H. Leung, A review on biodiesel production using catalysed transesterification, Applied Energy, Vol. 87 (2009), 1083-1095.

[88] S. Godiganur, C. H. Suryanarayana Murthy e R. P. Reddy, teste de desempenho e de emissões do motor Cummins 6BTA 5.9 G2-1 utilizando misturas de óleo

de mahua (Madhucaindica) metil éster/diesel, Renewable Energy, Vol. 34 (2009), 2172-2177.

[89] A. Demirbas, Progress and recent trends in biodiesel fuels, Energy Conservation and Management, Vol. 50 (2008), 14-34.

[90] V. Pradeep e R. P. Sharma, Use of hot EGR for NOx control in a compression ignition engine fuelled with biodiesel from jatropha oil, Renew Energy, Vol. 32 (2006), 1136-54.

[91] T. A. Megaritis A, M. L. Wyszynski and K. Theinnoi, Engine performance and emission of a diesel engine operating on diesel-RME (rapeseed methyl ester) blends with exhaust gas recirculation (EGR), Energy, Vol. 32 (2007), 2072-80,.

[92] A. Monyem, J. H. V. Gerpen e M. Canakai, The effect of timing and oxidation on emission from biodiesel-fueled engines, ASAE, Vol. 44, No. 1 (2013), 35-42.

[93] A. N. Kumar, P. S. Kishore, K. B. Raju, N. Kasianantham e A. Bragadeshwaran, Otimização dos parâmetros do motor do biodiesel de óleo de palma como combustível alternativo no motor CI, Environmental Science and Pollution Research, Vol. 26 (2018), 6652-6676.

[94] R. D. Misra e M. S. Murthy, Avaliação do desempenho, das emissões e da combustão de misturas de óleo de sabão e gasóleo num motor de ignição por compressão, Fuel, Vol. 90 (2011), 2514-2518.

[95] S. Ramalingam e S. Rajendran, 14-Avaliação do desempenho, combustão e comportamento de emissão do novo motor diesel operado com biodiesel de annona, Avanços em Eco-Combustíveis para um Ambiente Sustentável, Vol. 14 (2019), 391-405.

[96] Ahmed I El-Seesy, Hamdy Hassan e S. Ookawara, Efeitos da adição de nanoplaquetas de grafeno à mistura biodiesel-diesel de Jatropha no desempenho e nas caraterísticas de emissão de um motor diesel, Energia, Vol. 147 (2018), 1129-1152.

[97] Pinkesh R. Shah, U.N. Gaitonde e Anuradda Ganesh, Influência da lecitina de soja como bioaditivo com óleo vegetal simples nas caraterísticas do motor CI, Renewable Energy, Vol. 115 (2018), 685-696 S. Mohite e S. Maji, Importância da auditoria energética no motor diesel alimentado com misturas de biodiesel: Revisão e análise, Revista Europeia de Investigação em Desenvolvimento Sustentável, Vol.4 (2020), 1-12.

[98] F. Ayadi, I. Colak, I. Garip e H. I. Bulbul, Targets of Countries in Renewable Energy, 9.ª Conferência Internacional sobre Investigação e Aplicações das Energias Renováveis, DOI: 10.1109/ICRERA49962.2020.9242765 (2020), 1-5.

[99] Nitin Shrivastava, Devanshu Shrivastava e Vipin Shrivastava, Investigação experimental das caraterísticas de desempenho e emissão do motor diesel usando biodiesel de Jatropha com nanopartículas de alumina, International Journal of Green Energy, Vol. 15, issue 2 (2018), 136-143A. Harrouz, A. Temmam e M. Abbes, Renewable Energy in Algeria and Energy Management Systems, International Journal of Smart Grid, Vol. 2 (2018), 34-39.

[100] S. S. Hoseini, G. Najafi, B. Ghobadian, R. Mamat, M. T. Ebadi e Tala Ysuf, Novo combustível amigo do ambiente: Os efeitos dos aditivos de óxido de nanografeno nas caraterísticas de desempenho e emissão de motores a diesel alimentados com biodiesel de Ailanthus altissima, Renewable Energy, Vol. 125 (2018), 283-294.

[101] Amin A., Gadallah A., El Morsi A.K., El-Ibiari N.N., El-Diwani G.I., Estudo experimental e empírico do efeito de mistura de diesel e biodiesel de mamona, na viscosidade cinemática, densidade e valor calorífico, Egyptian Journal of Petroleum, Volume 25, Edição 4 (2016), 509-514.Abhishek S., Yashvir S., Nishant. K. S. e Amneesh, S., Sustentabilidade das misturas de biodiesel / diesel de jojoba para aplicações em motores diesel DI - taguchi e conceito de metodologia de superfície de resposta, Industrial Crops and Products, 139 (2019), 111587.

[102] Lopes S., Furey R. e Geng P., Cálculo do valor de aquecimento para combustíveis diesel contendo biodiesel, SAE Int. J. Fuels Lubr, Vol. 6, Issue 2 (2013), 407-418.

[103] Alpaslan A., Bedri Y., Ero, I. e Deniz K. A., Metodologia de superfície de resposta baseada na otimização das proporções de mistura ternária de gasóleo-n-butanol-óleo de algodão para melhorar o desempenho do motor e as caraterísticas das emissões de escape, Conversão e Gestão de Energia, 90 (2015), 383-394.

[104] Avinash K. A., Dhananjay K. S., Atul D., Rakesh K. M., Pravesh C. S. e Akhilendra P. S., Effect of fuel injection timing and pressure on combustion, emissions and performance characteristics of a single cylinder diesel engine, Fuel, 111 (2013), 374-83.

[105] Babalola A. O. e David O., Caraterísticas de emissão e desempenho de sementes de nim (Azadirachta indica) e biodiesel à base de camelina (Camelina sativa) em motor diesel, Renewable Energy, 149 (2020), 725-734.

[106] Bhupendra S. C., Naveen K., Haeng, M. C. e Hee C. L., Um estudo sobre o desempenho e as emissões de um motor diesel alimentado com biodiesel de Karanja e suas misturas, Energia, 56 (2013), 1-7.

[107] Biplab K. D., Ujjwal K. S., Effect of compression ratio and injection timing on the performance characteristics of a diesel engine running on palm oil methyl ester, Journal of Power and Energy, 227 (2012), 368-382.

[108] Campli S., Madhusudhan A., Channapattana S. V., Gawali S. V. e Kiran A., otimização de parâmetros baseada em RSM do motor CI alimentado com éster metílico de Azadirachta indica à base de óxido de níquel, Energia, 234 (2021), 121282.

[109] Ceyla O., Otimização do rendimento do biodiesel e do desempenho do motor diesel a partir de óleo de cozinha usado pelo método de superfície de resposta (RSM), Ciência e Tecnologia do Petróleo, 39 (2021), 1-21.

[110] Channapattana S. V., Kantharaj C., Shinde V. S., Pawar A. A. e Kamble G., Emissões e avaliação do desempenho do motor DI CI - VCR alimentado com misturas de ésteres metílicos de óleo de Honne / diesel, Energy Procedia, 74 (2015), 281-288.

[111] Gad M. S., El-Shafay A. S. e Abu H. H. M., Avaliação do desempenho do motor diesel, das emissões e das caraterísticas de combustão da queima de misturas de biodiesel de sementes de pinhão-manso, Segurança de Processos e Proteção Ambiental, 147 (2021), 518-526.

[112] Hamit S., Seyed M. S. A., Alper C., Emre Y. e Duygu I., Previsão do desempenho e das emissões de escape de um motor de ignição por compressão

alimentado com misturas de biodiesel-diesel dopadas com nanotubos de carbono de paredes múltiplas utilizando o método da superfície de resposta, Energia, 227 (2021), 120518.

[113] Himanshu P., Vikram R., Prasanta D., Samir C., Anurag M. e Subarna M., Estudo da mistura de bio-óleo diesel de casca de jatropha curcas no motor VCR CI usando RSM, Renewable Energy, 122 (2018), 310-322.

[114] Katekaew S., Suiuay C., Senawong K., Seithtanabutar V., Intravised K. e Laloon K., Otimização do desempenho e das emissões de escape de motores diesel monocilíndricos alimentados pela mistura de combustível semelhante ao diesel da resina Yang-hard com biodiesel de óleo alimentar residual através da metodologia de superfície de resposta, Fuel, 304 (2021), 121434.

[115] Mohammed M. EL. E Medhat N., Estudando o efeito da taxa de compressão num motor alimentado com óleo residual produzido biodiesel/diesel, Alexandria Engineering Journal, 52 (2013), 1-11.

[116] Mohd K. K. e Adam A., otimização multiobjectivo do desempenho do motor diesel e das caraterísticas das emissões de escape das misturas de óleo de larvas de Hermetiaillucens com combustível diesel utilizando a metodologia de superfície de resposta, Fontes de Energia, Parte A: Recuperação, Utilização e Efeitos Ambientais, 42 (2020), 1-14.

[117] Mohit V., Sumeet Sharma, Mohapatra S. K. e Krishnendu K., Desempenho e caraterísticas das emissões de escape de um motor diesel de taxa de compressão variável alimentado com ésteres de óleo de farelo de arroz bruto, Springer Plus, 5 (2016), 293.

[118] Nabi M. N., Akhter M. S. e Shahadat, M. Z., Improvement of engine emissions with conventional diesel fuel and diesel-iodiesel blends, Bioresource Technology, 97 (2006), 372-378.

[119] Naseem K., Anbarasu S. e Murugan, S., Otimização dos parâmetros de injeção de combustível e da taxa de compressão de um motor diesel alimentado a biogás utilizando ésteres metílicos de óleo alimentar usado como combustível piloto, Energy, 221 (2021), 119865.

[120] Nayak S. K., Hoang A. T., Nayak B. e Mishra P. C., Influência do óleo de peixe e do óleo alimentar usado como misturas binárias pós-misturadas de biodiesel na melhoria do desempenho e na redução das emissões do motor diesel, Fuel, 289 (2021), 119948.

[121] Pankaj M. R., Abhishek S., Effect of CuO nanoparticles concentration on the performance and emission characteristics of the diesel engine running on jojoba (Simmondsia Chinesis) biodiesel, Fuel, 286 (2021), 119358.

[122] Pankaj S. e Arivalagan P., Uma avaliação experimental do desempenho do motor e das caraterísticas de emissão do motor CI operado com biodiesel de Roselle e Karanja, Fuel, 254 (2019), 115652.

[123] Parida M. K., Joardar H., Rout A. K., Rputaray I. e Mishra, B. P., Otimizações de resposta múltipla para melhorar o desempenho e reduzir as emissões de misturas de biodiesel-diesel Argemone Mexicana em um motor VCR, Engenharia Térmica Aplicada, 148 (2019), 1454-1466.

[124] Prabhakar S., Ajay C., Zafar S. e Saim M., Exploring the Exhaust Emission and Efficiency of Algal Biodiesel Powered Compression Ignition Engine: Aplicação da Metodologia de Superfície de Resposta Multi-Objetivo Baseada em Caixa-Behnken e Desejabilidade, Energias, 14 (2021), 5968.

[125] Sakthivel R., Mohanraj T., Ganesh K. P. e Anoop R., Otimização das caraterísticas de desempenho e emissão do motor de ignição por compressão alimentado com misturas de combustível Azolla pinnata - Uma abordagem de

metodologia de superfície de resposta, Fontes de Energia, Parte A: Recuperação, Utilização e Efeitos Ambientais, Vol. 43 (2021), 1-10.

[126] Subhash L. e Subramanian K. A., Effect of different percentages of biodiesel-diesel blends on injection, spray, combustion, performance, and emission characteristics of a diesel engine Fuel, 139 (2015), 537-545.

[127] Sumod P., Jitendra H. e Mangesh B., otimização do método Taguchi para os parâmetros do motor de um motor VCR alimentado com uma mistura de biodiesel de óleo de sementes de Xanthium strumarium L., International Journal of Renewable Energy Research, 12 (2022), 1584-1600.

[128] Sunil K., Siddharth Jain e Harmesh K., Estudo Experimental sobre a Otimização dos Parâmetros de Produção de Biodiesel de Misturas de Óleo de Jatropha-Algas e Análise de Desempenho e Emissões de um Motor Diesel Acoplado a um Gerador Alimentado com Misturas de Diesel/Biodiesel, ACS Omega, 5 (2020), 17033-17041.

[129] Vijayakumar S. J. D., Paulisingarayar S., Anbarasu A., Vetrivelkumar K. e Silambarasan R., Impacto da taxa de compressão e efeito de misturas de biodiesel no desempenho, combustão e caraterísticas de emissão do motor diesel VCR DI, Materials Today: Proceedings, 37 (2020), 967-974.

[130] Xingyu L., Bowen Z., Kun W., Yuesen W. e Xu L., Aplicação da metodologia de superfície de resposta para a otimização conjunta das caraterísticas de desempenho e emissão de um motor diesel, International Journal of Green Energy, Vol. 18 (2021), 697-707.

[131] Khairul Azly Zahan e Manabu Kano, Produção de Biodiesel a partir de óleo de palma, seus subprodutos e efluentes de usinas: Uma revisão, Energies MDPI, 11, 2132(2018), 1-25.

[132] Shemelis Nigatu Gebremarian e Jorge Mario Marchetti, Tecnologias de produção de biodiesel: revisão, AIMS Energy, 5(3), (2017), 425-457.

[133] Parbir Basu, Pyrolysis accompanying the incomplete combustion of organic material produces a wide spectrum of particulate, carbon-rich and generally O-H-S-N poor compounds, Science Diret, 2007.

[134] Lijian Leng, Hui Li, Xingzhong Yuan, Wenguang Zhou e Huajun Huang, melhoramento de bio-óleo por emulsificação/micropemusificação: Uma revisão, Science Diret, Energia, Vol. 161 (2018), 214-232.

[135] T. M. Mata e A. A. Martins, Processos de Produção de Biodiesel, In book: Tendências Actuais em Engenharia Química Capítulo: Processos de Produção de Biodiesel Editora: Studium Press Editores: J M P Q Delgado, janeiro de 2010.

[136] B. L. Salvi e N. L. Panwar, Biodiesel resources and production technologies - A review, Science Diret Renewable and Sustainable Energy Reviews, Vol. 16, Issue 6 (2012), 3680-3689.

[137] Edgar M. Sanchez Faba, Gabriel O. Ferrero, Joana M. Dias e Griselda A. Eimer, Alternative Raw Materials to Produce Biodiesel through Alkaline Heterogeneous Catalysis, Catalysts MDPI, (2019), doi.org/10.3390/catal9080690.

[138] Srivathsan Vembanur Ranganathan, Srinivasan Lakshmi Narasimhan e Karuppan Muthukumar, An overview of enzymatic production of biodiesel, Vol. 99, Issue 10, (2008), 3975-3981.

[139] J. M. Marchetti et al, Possible Methods for Biodiesel Production, Renewable and Sustainable Energy Reviews, Vol. 11, Issue 6 (2007), 1300-1311.

[140] Dennis Y. C. Leung, Xuan Wu e M. K. H. Leung, A review on biodiesel production using catalyzed transesterification, Science Diret, Applied Energy, vol. 87, Issue 4 (2010), 1083-1095.

[141] Didem Ozcimen e Sevil Yucel, Novel Methods in Biodiesel Production Home Books Biofuel's Engineering Process Technology, 01 de agosto de 2011.

[142] G. Baskar, G. Kalavathy, R. Aiswarya e Abarnaebenezer Selvakumari, Avanços na extração de bio-óleo de sementes oleaginosas não comestíveis e biomassa de algas, Woodhead Publishing Series in Energy, (2019), 187-210.

[143] Yadessa Gonfa Keneni e Jorge Mario Marchetti, Extração de óleo de sementes de plantas para produção de biodiesel, AIMS Energy, Vol. 5, Issue 2 (2017), 316-340.

[144] G. Bhargavi, P Nageswara Rao, S Renganathan, Revisão dos métodos de extração de petróleo bruto de todas as gerações de biocombustíveis nas últimas décadas, IOP Conf. Series: Ciência e Engenharia de Materiais, 330 (2018), 012024.

[145] Dr. Banshi D. Shukla, Dr. Prabhat K. Srivastava, Er. Ram K. Gupta, Tecnologia de Processamento de Sementes Oleaginosas, Instituto Central de Engenharia Agrícola, 1992, BOOK

[146] M. M. K. Bhuiya, M. G. Rasul, M. M. K. Khan, N. Ashwath, A. K. Azad, M. Mofijur, Otimização do processo de extração de óleo de sementes de folhas de beleza nativas australianas (Calophyllum inophyllum), Elsevier, Vol. 75 (2015), 56-31.

[147] Timothy G. Kemper, Extração de óleo, Baileys Industrial Oil and Fat Products, Sexta Edição. março de 2005, LIVRO

[148] Rama Chandra Pradhan, Vynkatesh Meda, Prashant Kumar Rout, Satyanarayan Naik, Ajay K Dalal, Supercritical CO2 extraction of fatty oil from flaxseed and comparison with screw press expression and solvent extraction processes, Journal of food Engineering, Volume 98, Issue 4, (2010), 393-397.

[149] Egon Stahl, Erwin Schutz, Hemut K mangold, Extraction of seed oil with liquid and supercritical carbon dioxide, ACS Publications, Journal of Agricultural and Food Chemistry, Vol. 28, Issue 6 (1980), 1153-1157.

[150] Omar I. Awad, R. Mamat, Thamir K. Ibrahim, Ftwi Y. Haggs, M. M. Noor, I. M. Yusri e A. M. Leman, Aumento do valor calorífico do óleo combustível por remoção de humidade e seu efeito no desempenho e combustão de um motor de ignição por faísca, Conversão e Gestão de Energia, Vol. 137 (2017), 86-96.

[151] H. Haziratual Manrdhiah, Hwai Chyuan Ong, H. H. Masjuki, Steven Lim e H. V. Lee, Uma revisão dos últimos desenvolvimentos e perspectivas futuras da produção de biodiesel por catalisadores heterogéneos a partir de óleos não comestíveis, Renewable and Sustainable Energy Reviews, 67 (2017), 1225-1236.

[152] Jan Nisar, Rameez Razaq, Muhammad Farooq, Munawar Iqbal, Rafaqat Ali Khan, Produção melhorada de biodiesel a partir de óleo de Jatropha utilizando resíduos calcinados de ossos de animais como catalisador, Renewable Energy, Vol. 101 (2017), 111-119.

[153] Avinash Kumar Agrawal, Jai Gopal Gupta e Atul Dhar, Potential and challenges for large-application of biodiesel in automotive sector, Progress in Energy and combustion Science, 61 (2017), 113-149.

[154] S. Madiwale, A. Karthikeyan e V. Bhojwani, A comprehensive review of effect of biodiesel additives on properties, performance and emission, IOP Publishing, IOP Conf. Series: Ciência e Engenharia de Materiais 197 (2017), 012015.

[155] Jeya Jeevahan, M Chandrasekaran, G Britto Joseph, A Poovannan, V Sriram, Investigação experimental da influência da adição de isobutanol no desempenho do motor e nas emissões de um motor diesel de ignição direta alimentado por misturas de biodiesel derivadas de óleo vegetal residual,

International Journal of Ambient Energy, doi.org/10.1080/01430750.2017.1381158,2017.

[156] Esmail Khalife, Meisam Tabatabaei, Bahman Najafi e Seyed Mostafa Mirsalim, Um novo combustível de emulsão contendo aditivo aquoso de óxido de nano cério em misturas diesel-biodiesel para melhorar o desempenho dos motores diesel e reduzir as emissões de escape: Parte I - Análise experimental, Fuel, Vol. 207 (2017), 741-750.

[157] Ahmad Fayyazbakhsh e Vahid Pirouzfar, Visão geral abrangente sobre aditivos para gasóleo para reduzir as emissões, melhorar as propriedades do combustível e melhorar o desempenho do motor, Renewable and Sustainable Energy Review, Vol. 74 (2017), 891-901.

[158] Ertan Alptekin, Caraterísticas de emissão, injeção e combustão de biodiesel e misturas de combustíveis oxigenados num motor diesel common rail, Energia, Vol. 119 (2017), 44-52.

[159] Esamail Khalife, Meisam Tabatabaei, Ayhan Demirbas e Mortaza Aghbashlo, Impact of additives on performance and emission characteristics of diesel engines during steady state operation, Progress in Energy and Combustion Science, Vol. 59 (20174), 32-78.

[160] Chodehanok Attaphong, Pichit Lumyong, sasiwimon Wichadee, Sutha Khaodhiar, Piampoom Sarikprueck e David A. Sabatir, Efeito dos aditivos nas propriedades do combustível e nas caraterísticas de emissão dos biocombustíveis de micromulsão de óleo de palma, Conferência Internacional sobre Ambiente e Engenharia Eléctrica, (2017), 17029713.

[161] Puneet Verma e M. P. Sharma, Revisão dos parâmetros do processo de produção de biodiesel a partir de diferentes matérias-primas, Renewable and Sustainable Energy Reviews. Vol.62 (2016), 1063-1071.

[162] Karoon Fangsuwannarak, Ponrawee Wanriko e Thipwan Fangsuwannarak, Efeito do aditivo de biopolímero nas propriedades do combustível do biodiesel de palma e na análise do desempenho do motor e das emissões de escape, Energy Procedia, Vol. 100 (2016), 227-236.

[163] Devi A., Das V. K. e Deka D., Designer Biodiesel: Preparação de misturas de biodiesel misturando vários óleos vegetais em diferentes proporções volumétricas e seu correspondente aprimoramento da qualidade do combustível, Research Journal of Chemical Sciences, ISSN 2231-606X, Vol. 5 Issue 9 (2015), 60-65.

[164] H. Soukht Saraee, S. Jafarmadar, H. Taghavifar e S. J. Ashrafi, Redução das emissões e do consumo de combustível num motor de ignição por compressão utilizando nanopartículas, Int. J. Environ. Sci. Technol, Vol. 12 (2015), 2245-2252.

[165] Punam Mukhopadhyay e Rajat Chakraborty, Efeito dos aditivos de combustível à base de bioglicerol na propriedade do combustível diesel, desempenho do motor e qualidade das emissões: A review, Science Diret, Energy Procedia, 79 (2015), 71-676.

[166] Obed M. Ali, Rizalman Mamat, Gholam Hassan Najafi e Talal Yusuf, Otimização das propriedades do combustível misturado com biodiesel-diesel e do desempenho do motor com aditivo de éter utilizando análise estatística e métodos de superfície de resposta, Energias, Vol. 8, Issue 12 (2015),1 4136-14150.

[167] C. Syed Alam, C. G. Saravanan e M. Kannan, Investigação experimental num motor diesel assistido por um sistema CRDI alimentado com biodiesel misturado com nanopartículas de óxido de alumínio, Alexandria Engineering Journal, 54 (2015), 351-358.

[168] Roghaieh Parvizsedghy, Seyyed Mojtaba Sadrameli, Investigação da abordagem de craqueamento térmico para melhorar as propriedades do biodiesel, International Journal of Chemical and Molecular Engineering, Vol:9 (2015), 817-821.

[169] T. Shaafi e R. Velraj, Influência de nanopartículas de alumina, mistura de etanol e isopropanol como aditivo com combustível de mistura de biodiesel de soja e diesel: Combustão, desempenho do motor e emissões, Renewable Energy, Vol. 80 (2015), 655-663.

[170] Mehrdad Mirzajanzadeh, Meisam Tabatabaei, Mehdi Ardjmand e Alimorad Rashidi, Novos nanocatalisadores solúveis em misturas de combustível diesel-biodiesel para melhorar o desempenho dos motores diesel e reduzir as emissões de escape, Fuel, Vol. 139 (2015), 374-382.

[171] T. Shaafi, K. Sairam, A. Gopinath, G. Kumaresan e R. Velraj, Effect of dispersion of various nano additives on the performance and emission characteristics of a CI engine fuelled with diesel, biodiesel and blends A review, Renewable and Sustainable Energy Review, Vol. 49 (2015), 563-576.

[172] Mortaza Aghbashlo, Meisam Tabatabaei, Pouya Mohammadi, Navid Pourvosoughi, Ali M. Nikbakht e Sayed Amir Hossein Goli, Melhoria dos parâmetros exergéticos e de sustentabilidade de um motor diesel DI utilizando resíduos de polímeros dissolvidos em biodiesel como um novo aditivo para diesel, Energy Conversion and Management, Vol. 105 (2015), 328-337.

[173] Raju Belagali e P. R. Dhamanagoankar, Melhoria do desempenho do gasóleo através da melhoria do seu valor calorífico pela adição de aditivo não convencional, Conferência Internacional sobre Avanços na Investigação em Engenharia e Tecnologia, (2014), 14855198.

[174] Evangelos G. Giakoumis, A statistical investigation of biodiesel physical and chemical properties, and their correlation with the degree of unsaturation Renewable Energy, Vol. 50 (2013), 858-878.

[175] S. Kent Hoekman, Amber Broch, Curtis Robbins, Eric Ceniceros e Mani Natarajan, Review of biodiesel composition, properties and specifications, Renewable and Sustainable Energy Reviews, Vol. 16, issue 1 (2012), 143-169.

[176] P. Mohammadi, A. M. Nikbakht, M. Tabatabaei e Kh. Farhadi, Um novo aditivo para gasóleo para melhorar as propriedades do combustível e reduzir as emissões, International Journal of Automotive Engineering, Vol. 2 No. 3 (2012), 156-162.

[177] Paul C. Smith, Yung Ngothai, Q. Dzuy Nguyen e Brian K. O'Neill, Improving the low-temperature properties of biodiesel: Methods and consequences, Renewable Energy, Vol. 35, Issue6 (2010), 1145-1151.

[178] Gerhard Knothe, Improving biodiesel fuel properties by modifying fatty ester composition, Energy Environ. Sci., Edição 2 (2009), 759-766.

[179] A. A. Refaat, Correlação entre a estrutura química do biodiesel e as suas propriedades físicas, International Journal of Environ. Sci. Tech., Vol. 6 (2009), 677-694.

[180] Gerhard Knothe, Designer Biodiesel: Optimizing fatty ester composition to improve fuel properties, Energy and Fuels, Vol. 22 (2008), 1358-1364.

[181] Istvan Barabas e Ioan-Adrian Todorut, Universidade Técnica de Cluj-Napoca, Roménia, Biodiesel quality, standards and properties, (2011), DOI: 10.5772/25370

[182] M. Czauderna e J. Kowalczyk, Separation of some mono- di and tri-unsaturated fatty acids containing 18 carbon atoms by high performance liquid

chromatography and photodiode array detection, Journal of Chromatography B, 760 (2001), 165-178.

[183] H. S. Anantha Padmanabha, D. K. Mohanty, Impact of additive ethylene glycol diacetate on diesel engine working with jatropha-karanja dual biodiesel, Renewable Energy. 202 (2023) 116-126.

[184] G. Pullagura, J. Bikkavolu, S. Vadapalli, V. V.S. Prasad, K.R.R. Chebattina, The effect of graphene nanoplatelets on Physico-chemical properties of *Sterculia foetida* biodiesel-diesel fuel blends, Materials Today Proceedings

[185] A.Gaur, G. Dwivedi, P. Baredar, S. Jain, Influência de aditivos de mistura em biodiesel nas propriedades físico-químicas, desempenho do motor e caraterísticas de emissão, Fuel. 321 (2022) 124072.

[186] B.H.H Goh, C. T. Chong, H. C. Ong, J, Milano, A. H. Shamsuddin, X. J. Lee, J. Han Ng, Estratégias para o melhoramento das propriedades do combustível para o biodiesel de segunda geração de múltiplas matérias-primas, 315 (2022) 123178.

[187] C.H. Lau, S. Gan, H. L. Lau, L, Y. Lee, S. T. Gopakumar, H. K. Ng, Insights into the effectiveness of synthetic and natural additives in improving biodiesel oxidation stability, Sustainable Energy Technologies and Assessments. 52 (2022) 102296

[188] A.N. Kumar, P.S. Kishore, K. B. Raju, B. Ashok, R. Vighensh, A. K. Jeevanantham, K, Nanthagopal, A. Tamilvanan, Modelo de previsão do efeito proporcional do decanol como aditivo no biodiesel de palma utilizando a técnica ANN e RSM para o motor diesel, Energy. 213 (2020) 119072

[189] K. Santosh, G. N. Kumar, Radheshyam, P. V. Sanjay, Análise experimental das caraterísticas de desempenho e emissão do motor diesel CRDI abastecido com misturas de 1-pentanol/diesel com técnica EGR, Fuel, 267 (2020) 117187

[190] V. Karthickeyan, S. Thiyagarajan, B. Ashok, V. E. Geo, A. K. Azad, Investigação experimental do éster metílico do óleo de romã no motor revestido a cerâmica em diferentes condições de funcionamento no motor diesel de injeção direta com análise energética e exergética, Energy Conversion and Management. 205 (2020) 112334

[191] Haraldsson, Separation of Saturated/Unsaturated Fatty Acids, Springer, Vol. 61 Issue 2 (1984), 219-222.

[192] Dwi Ardiana Setyawardhan, Hary Sulistyo, Wahyudi Budi Sediawan, Mohammad Fahrurrozi, Separação de ácidos gordos poli-insaturados de óleo vegetal utilizando a complexação de ureia: os efeitos da temperatura de cristalização, Journal of Engineering Science and Technology, Edição Especial 3 (2015), 41-49.

[193] Jaemin Lee, Myung Hee Lee, Eun Ju Cho & Sanghyun Lee, Métodos de alto rendimento para a purificação do ácido α-linolénico do óleo de Perilla frutescens var. japonica, Applied Biological Chemistry, Vol. 59 (2016), 89-94.

Printed by Books on Demand GmbH, Norderstedt / Germany